U0607836

自然怪象

跟哥伦布玩探险
GEN GE LUN BU WAN TAN XAIN

孙常福 / 编 著

中国大百科全书出版社

图书在版编目（CIP）数据

跟哥伦布玩探险 / 孙常福编著. —北京：中国大百科全书出版社，2016.1
（探索发现之门）
ISBN 978-7-5000-9812-6

Ⅰ. ①跟… Ⅱ. ①孙… Ⅲ. ①科学知识－青少年读物 Ⅳ. ①Z228.2

中国版本图书馆CIP数据核字（2016）第 024474 号

责任编辑：吴　昊　徐世新
封面设计：大华文苑

出版发行：中国大百科全书出版社
（地址：北京阜成门北大街 17 号　邮政编码：100037　电话：010-88390718）
网址：http://www.ecph.com.cn
印刷：青岛乐喜力科技发展有限公司
开本：710 毫米×1000 毫米　1/16　印张：13　字数：200 千字
2016 年 1 月第 1 版　2019 年 1 月第 2 次印刷
书号：ISBN 978-7-5000-9812-6
定价：52.00 元

前 言
PREFACE

　　自然世界丰富多彩，我们吃的、穿的、用的都取之于自然。大自然用水、空气及一切资源养育着我们。自然环境是我们赖以生存的、永远离不开的保障。资源有限，自然有情，我们要爱护环境、关心自然、亲近自然、认识自然。

　　我们每天享受着大自然所带给我们的一切，然而又有谁能够清楚地知道我们生活在其中的大自然究竟是什么样子？大自然中有着许许多多奇妙的现象，这是大自然的语言，也是大自然的面纱，只有细心的人才能知晓。

　　在自然世界里，生物多样性的特点决定了自然界充满了许多神奇物种。在全球范围内，奇异植物可谓数不胜数——有一叶障目的"神草"，

　　有会欣赏音乐及跳舞的植物，有能吃昆虫的花草……植物界真是多姿多彩，其中隐藏着无数疑问：葵花为什么总是围着太阳转？仙人掌为什么能在干旱的沙漠里生存？植物有性别之分吗？……

　　自然界物种千千万万，特别是在浩瀚的海洋中，蕴藏着丰富的生物资源，无奇不有，生动有趣。各种各样的物种或因环境变异，或因基因突变，呈现出缤纷多彩的生命体态。随着人类的探索发现，这些怪异物种逐渐被我们所认识，极大地丰富了人类的知识宝库。

　　在大自然中，微生物是一大类我们看不见的微小生物，通常要用光学显微镜和电子显微镜才能看清。微生物界是一个比人类世界要丰富得多的微观世界，包括细菌、病毒、真菌等。微生物虽然个体微小、结构简单，却有我们所不具备的强大本领：能够治理环境污染，可以为人类治病，能够制造粮食，甚至还可以提取金属……

　　人类一直没有停止探索和认识自然的脚步，探险的足迹几乎遍布全球，人们向大自然发起的一次又一次的挑战简直令人叹为观止。有人闯荡杳无人迹的海角天涯；有人九死一生去探索未曾有人涉足的高山大川；更有人因为意外，面临绝境仍矢志不渝。总之，自然无限，探索无尽。

　　大自然的神奇力量塑造了地球的面貌、主宰着四季的变化，既混沌有序，又相互影响。大自然所隐藏的奥秘无穷无尽，真是无奇不有、怪事迭出、奥妙无穷、神秘莫测。许许多多的难解之谜使我们对自己的生存环境捉摸不透。破解这些谜团，有助于人类社会向更高层次不断迈进。

为了普及科学知识，激励广大读者认识和探索大自然的无穷奥妙，我们根据中外最新研究成果，编写了本套丛书。本丛书主要包括植物、动物、探险、灾难等内容，具有很强的系统性、科学性、可读性和新奇性。

本丛书内容精炼、通俗易懂、图文并茂、形象生动，能够培养人们对科学的兴趣和爱好，是广大读者增长知识、开阔视野、提高素质的良好科普读物。

Contents 目录

探索之旅

Tan Xian Jia
Fa Xian
Pu Shi Ling Yang

探险家
发现普氏羚羊

自然博物学家向导

在140多年前，有一支由骆驼和马匹组成的队伍从北京出发了，这是一支俄罗斯探险考察队。这支考察队伍的目的地是青海湖。在队伍中，有一个个头不高、健壮魁梧、长着大胡子的人，他名字叫尼古拉·普热瓦斯基，是一位俄国军官，一个职业情报官。

青藏高原是普热瓦斯基一生的梦想。虽然是职业情报军官，但实际上，普热瓦斯基也是一位自学成才的自然博物学家，他十分爱好收集各种野生动物和植物标本。

在这次远行之前，他曾在考察远东、中国东北的兴凯湖、黑龙江、乌苏里江时，采集过大量的动植物标本，写下了详尽的考察日记，还绘制了地图。

他在探险中取得的成就曾轰动过国际地理界，而且还获得了国家授予他的银质科学奖章。

从北京到青海湖，全靠双脚一步一步地走了过去。饥饿、干渴、风沙，都没有阻挡普热瓦斯基前进的步伐。

这队衣衫褴褛、尘土满身的人马走过了内蒙古高原、阿拉善高原，穿过了河西走廊，最后终于爬上了湛湛蓝天、朵朵白云、皑皑雪山、无尽草地的青藏高原。

因为考察队没有携带多少食品，所以，他们一路上靠猎杀野生动物作为食物。每天傍晚，他们扎下帐篷，将白天射杀的猎物开膛破肚，把肉块扔进汤锅里煮，留下皮张和骨骼作为标本。在考察队的骆驼背上，有大包的动物、鸟类和植物标本。

发现的普氏羚羊

这天，考察队又在高原上射杀了几只像黄羊一样的动物。

像往常一样，他们解剖了那些猎物，吃掉肉块，留下皮张和骨骼。由于种种原因，普热瓦斯基未能到达拉萨。这次考察在1873年结束了。

普热瓦斯基一行收集的40多种哺乳动物的130张兽皮和头骨标本、230种近千只鸟类的标本、10种爬行动物的70个标本、11种鱼类标本和3000多种昆虫标本全部送给了俄罗斯科学院动物研究所，其中包括那些像黄羊一样的动物头骨和皮张。

考察结束之后，普热瓦斯基带着他收集的各种标本回到了俄罗斯科学院。

　　俄罗斯的动植物学家们为了鉴定这些标本忙了很长时间。因为普热瓦斯基带回来的标本有许多都是他们没有见过的。

　　动物学家费了很大一番工夫，发现了在世界上已经存活不多的一种珍稀羚羊——普氏原羚。

　　由于普氏羚羊在世界上存活的数量并不多，而且它生存的地方又人迹罕至，所以，人们对它知道得不多。直至今天，在科学家们的眼里，普氏羚羊依然有许多还没有被解开的谜团。

　　可是，100多年以来，人们无视生态环境，破坏自然环境，大量猎杀动物，普氏羚羊的数量在一天天地下降。这种世界稀有的羚羊已被列为中国国家Ⅰ级保护动物。

加利福尼亚魔鬼地带

不同寻常的地方

从美国加利福尼亚的海滨城市旧金山驱车南行，大约经两小时就可以到达圣克鲁斯镇。在该镇的郊外有一个不同寻常的地方，人们称之为"魔鬼地带"。这块大致圆形的地方直径约为150米，面积17000平方米。这里有一片茂密的树林，奇怪的是这林中的树木，如同遭到台风侵袭一样，都向着同一个方向大幅度倾斜。

更为奇怪的是，有两块长0.5米、宽0.2米的石板，彼此间距0.4米，看上去极其普通，却显示了神秘世界的又一奇迹。如果一个身高1.8米的男子和一个身高1.6米的男子各自站到其中的一块石板上，这时高者显得更加高大，矮者显得更加矮小。但奇怪的是，当他们两人互换位置后，矮小

的男子奇迹般地变得高大起来，而高大的男子相对又变得矮小了。人们简直不敢相信自己的眼睛，怎么会有这般奇异的事情？！

奇异的怪坡

在这个地方，不只是存在于地面上的东西发生倾斜，就是悬挂在那里的一切物体，也不会垂直于地面，而总是处于倾斜的状态，甚至从空中落下的物体，也是倾斜地飘落下来。这里还有一个简陋的小木屋，进入屋内的人同样摆脱不了倾斜的命运，即使你想挺直身子，那也不行。在这里，你可以在没有任何扶持的条件下，站立于板壁之上，同时还可以在那里轻松行走。

这奇异的怪坡引起了许多专家、学者们的注意，他们陆续来到这里对

探险名片

探险地：美国加州
探险者：美国人
时间：20世纪
事件：发现魔鬼地带

"怪坡"进行调查勘测。有的认为是人的视觉产生误差而造成的。物理学家认为：这很可能是重力移位现象。他们根据万有引力学说，认为物质结构的密度越大，则引力越强。在坡顶端地下，很可能有一块密度很大的巨石和空洞，引起了这种奇特的现象。但这个引起位移的物质至今并没有找到。

令人迷惑的现象

在英格兰斯特拉斯克莱德的克罗伊山公路上，也有令人迷惑的现象。如果驾驶汽车在这条公路上行驶，总会慢下来，甚至完全停止，令驾驶人不知所措。

从北部驶向这座小山会遇到离奇事。司机眼看前面道路向下倾斜，总以为车辆会加速，因而把车速降低，结果汽车嘎的一声完全停止。事实与表面现象相反，那条路并非下坡路，而是"上坡"路。

从南部开车驶来的驾驶人也同样产生颠倒混乱的错觉。他们以为是向上坡行驶，于是加速，结果发现车子比预期的速度快得多，其实那条路是"下坡"路。迄今尚无人能就克罗伊山这种奇异的现象作出圆满解释。曾有人认为，那地方周围的岩石含有大量铁质，存在磁场，因而产生强大的引力，将汽车拖上山坡。这个说法现在已遭摒弃。

有人认为，此种感觉是视觉假

象，或由当地的特殊地形造成，或由于地球磁场发生局部变化。这些变化也许与人的视觉平衡感有关，因而改变人的视觉。但每个司机都对此嗤之以鼻，因为视觉可能有假，但车子跑起来的感觉不会有假。

　　在这些神秘的地带里，这些奇异的现象完全超出了自然界的规律，违反了牛顿万有引力定律。为此，这些神秘地带不仅吸引了游人，更引起了许多科学家的注意。

Kong Bu
De "Lu Di
Bai Mu Da"

恐怖的
"陆地百慕大"

百慕大第二

俄罗斯的贝加尔湖畔的贝加尔镇因为频频发生令人不可思议的怪事，而被人们称为"百慕大第二"。

在1990年，贝加尔镇接连发生10多起重大车祸，这在该镇历史上从未有过。

一位幸存的货车驾驶员说，当他驾车经过该镇时，竟莫名其妙地出现了幻觉。接着，他发现方向盘失灵，汽车被一种神奇的无形力量牵扯着。于是，与另一辆同样失控的轿车相撞，酿成两死一伤的惨剧。

在这一年的深秋，有一队货车经过此地，却像有人指挥似的，一起倒开了两三分钟之久。事后，驾驶员们回忆说："那2～3分钟内，人人都出现了一种类似的感觉，对自己的所作所为竟毫不知觉……"一批美国专家接受邀请前来调查，考察队队长科尔称：他们确实已发现了30余种"怪现象"，这在全世界都是罕见的。

神奇的路标

并非所有的"陆地百慕大"都成为难解之谜。1929年夏末，德国不来梅和海文之间的新公路开通了。然而，在一年的时间内，先后有100多辆汽车因为撞向该公路第239千米处的路标而神秘出事。1930年9月7日，一共有9辆汽车撞向这块倒霉的路标，车毁人亡。幸存者在接受警方调查时，都指出当汽车驶近239千米路标时，"周身有一种极度兴奋的感觉，车身被某种强大的力量拽离路面"。当地的一位探矿师卡尔·威尔揭开了谜底，他指出，神秘的力量来自地下泉眼处所产生的强大磁场。

探险名片

探险地：俄罗斯贝加尔镇
探险者：俄罗斯人
时间：1990年
事件：发现"陆地百慕大"

爱达荷
的死亡公路

爱达荷魔鬼三角地

在美国爱达荷州的州立公路上，离因支姆麦克蒙145千米处，有一个被司机们称之为"爱达荷魔鬼三角地"的恐怖翻车带。

据当事人讲述，正常行驶的车辆一旦进入这一地带，就会突然被一股人们看不见的神秘力量抛向空中，随后又被重重地摔向地面，造成车毁人亡的惨重事故。

一位叫作威鲁特·伯克的汽车司机就是经历过这一恐怖抛车事件的幸存者，每当他回忆起那次历险都会感到心有余悸。

他说："那天，天气晴朗，我所驾驶的两吨卡车一切正常。当我行驶到那个鬼地方时，汽车突然偏离了公路，腾地翻倒在地。"

据统计，在这同一地点，已有17条性命被以同样的方式断送掉。

人们感到奇怪的是，这段公路与其他地方的公路相比没有任何异常现象，同样是宽阔平坦的康庄大道。然而这段公路的死亡率却是其他路段的4倍。

寻找合理的解释

面对这发生着许多奇特怪事的地方，人们总想了解产生这种现象的原因，科学工作者们也试图能够作出一个合理的解释。他们对这里进行了多次考察，结果认为：

这些现象的产生是由于地下水脉辐射的影响造成的。

但人们还不了解这地下水脉有什么与众不同？它何以能够产生这种有着巨

> ## 探险名片
>
> ----
>
> 探险地：美国爱达荷州
>
> 探险者：美国人
>
> 时间：20世纪
>
> 事件：发现爱达荷魔鬼三
> 角地

令人恐怖的
死亡公路

大威力的辐射？人们能否改变这影响到人们正常生活的怪现象呢？这些都是科学工作者难以回答的问题。

屡见不鲜的惨案

在中国兰州至乌鲁木齐的兰新公路430千米处，不但翻车事故频繁发生，而且翻车的原因也神秘莫测。

一辆好端端正常行驶的汽车途经这里，有时突然莫名其妙地就翻了车。这种车毁人亡的重大恶性事故，每年少则发生10多起，多则二三十起，给国家和人民的生命财产造成了重大损失。尽管司机们严加提防，但这种事故仍不断发生。

难道430千米处坡陡路滑、崎岖狭窄吗？都不是。该处不但道路平坦，而且视线也十分开阔。那么，如此众多的车辆在前后相差不到百米的地方接连翻车，究竟奥妙何在？

起初，有人分析可能是道路设计有问题。为此，交通部门多次改建这段公路，但翻车事故仍不断出现。

后来，也有人根据每次翻车方向都是朝北的现象，推测出430千米处以北可能有个大磁场。这种说法虽然有一定的道理，但没有找到科学证据。

所以，兰新公路430千米处成了一个中国的魔鬼地带，被蒙上了一层神秘的色彩。

在波兰首都华沙附近有一个叫司机们头疼不已的恐怖之地。司机们驾驶着汽车来到这里，就会忽然感到脑袋昏沉沉的，然后就造成了车毁人亡的事故。非但如此，就连猪、狗等动物也不愿意在这个地方停留。

最后
一块神秘的大陆

神秘的大陆

南极洲被人们看作是一块神秘的大陆，因为那里有着太多的不解之谜。在南极附近航行的船员们，时常发现南极洲的一些冰山呈绿色，煞是好看，至于什么原因造成，一直未被人知晓。美国一位地理学教授称，这是露出水面的淡黄色生物体，与蔚蓝的大海交融，在太阳的照射下显示出来的绿色。相信谁也不愿意错过观赏这独一无二的奇异景观。

探险家们发现，在南极洲的印度洋沿岸洋面上有许多巨型冰雕，像海

豚、海狮等多种动物造型。这些动物造型惟妙惟肖、栩栩如生，似乎连睫毛、爪子也清晰可辨；高大的有50多米高，矮小的也有20多米高，在海面上四处漂浮。

南极动物冰雕究竟是天然形成，还是人工雕琢，目前依然是一个谜。

南极臭氧空洞

20世纪80年代末期，科学家们发现，在南极上空的臭氧层出现了一个大洞，这就是臭氧空洞。臭氧层是地球的天然屏障，虽然宛如一层轻纱，却保护人类免受太阳光中的紫外线损伤，同时还会避免引起温室效应，避免冰川融化而导致

地球上最后一块
大陆——南极洲

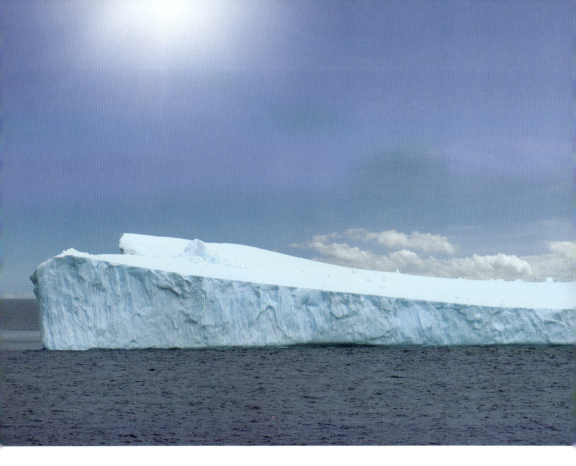

海平面上升。过去，人们一直认为臭氧层的减少是工业污染和人类不注意环境保护的结果。然而，在南极洲500万平方千米的大陆上，人迹罕至，何来污染？

所以，苏联的一位科学院通讯院士奥杰科·奥杰科夫指出：南极上

空臭氧空洞的出现，是外星人从地球外对地球进行科学考察的结果。他还说，世界大洋平面近100年来上升了32~35厘米，也是受地外文明的影响。现在，臭氧空洞出现在荒无人烟的南极洲，在那里集中了地球上93%的纯净的雪和水，因此，只能是外星人"污染"的结果。

南极洲的秘密

美国两位玛雅文化研究专家埃

里·乌姆兰德和克雷格·乌姆兰德在《古昔追踪——玛雅文明消失之谜》一书中指出，南极洲在过去并非全部被冰层覆盖，曾经是适于人类生存的地方，因此成为神秘的玛雅人在地球上生活的第一个基地。在南极洲的冰层下，"可能还遗留着他们所用的器材"，"甚至还会找到玛雅人的遗体"。

探险名片

探险地：南极
探险者：苏联人、美国人等
时间：20世纪
事件：发现外星文明、玛雅文
　　　明等

Li Qi Gu Guai De "Si Shen Dao" | 离奇 古怪的"死神岛"

孤零零的沙岛

在距北美洲加拿大东部的哈利法克斯约100千米汹涌澎湃的北大西洋上，有一座令船员们心惊胆战的孤零零小岛，名叫塞布尔岛。"塞布尔"一词在法语中的意思是"沙"，意即"沙岛"。

这个名称最初是由法国船员们给它取的。这就是在西方广泛流传的"死神岛"，还有许多离奇古怪的神话传说令人听而生畏。死神岛给船员们带来的巨大灾难促使科学家去努力探索它的奥秘。

探险名片

探险地：巴布亚新几内亚塞布尔岛

探险者：因纽特人、法国人、美国人等

时间：20世纪

事件：发现"死神岛"

　　为了解释船舶沉没的原因，不少学者提出了种种假设和论断，有的认为，由于"死神岛"附近海域常常掀起威力无比的巨浪，能够击沉猝不及防的船舶；有的认为，"死神岛"的磁场迥异于其邻近海面，并且变化无常，这样就会使航行于"死神岛"附近海域的船舶上的导航罗盘等仪器失灵。

　　然而，更令人称奇的要数距"上帝的圣潭"仅40千米的巴罗莫角，这个锥形半岛被人们称为"死亡之角"。

岛上的死亡事件

　　20世纪初，因纽特人亚科孙父子前往帕尔斯奇湖西北部捕捉北极熊。当时那里已经天寒地冻，小亚科孙首先看见了巴罗莫角，又看见一头北极熊蠢笨地从冰上爬到岛上。小亚科孙高兴极了，抢先向小岛跑去。父亲见儿子跑了，紧紧跟在后面也向岛上跑去。哪知小亚科孙刚一上岛便大声叫喊，叫父亲不要上岛。

　　亚科孙感到很纳闷，不知道发生了什么事情，但他从儿子的语气中听到了恐惧和危险。

　　他以为岛上有凶猛的野兽或者有土著居民，所以不敢贸然上岛。

　　他等了许久，仍不见儿子出来，便跑回去搬救兵，一会就找来了6个

身强力壮的中青年人，只有一个叫巴罗莫的没有上岛，其余人全部上岛去寻找小亚科孙了，只是上岛找人的人全找得没了影儿，从此消失了。

巴罗莫独自一人回去了，他遭到了包括死者家属在内的所有人的指责和唾骂。从此人们将这个"死亡之角"称为巴罗莫岛，再也没有人敢去该岛了。

探险者的悲剧

1934年7月的一天，有几个手拿枪支的法裔加拿大人又一次登上巴罗莫岛，准备探寻个究竟。他们在因纽特人的注目下上了岛，随之听到几声惨叫，这几个法裔加拿大人像变戏法一样消失了。

这一场悲剧，引起了帕尔斯奇湖地区土著移民的极度恐慌，有人干脆

迁往他乡去了。没有搬走的发现只要不进入巴罗莫岛，就不会有危险。

再次向"死神岛"进发

1972年，美国职业拳击家特雷霍特、探险家诺克斯维尔及默里迪恩拉夫妇共4人前往巴罗莫岛。诺克斯维尔坚信，没有他不敢去的地方，没有解不开的谜。

于是在这年4月4日，他们来到了"死神岛"的陆地边缘地带，并且在此驻扎了10天，目的是观察岛上的动静。默里迪恩拉夫人是爱达华州有名的电视台节目主持人。她拍摄了许多岛上的照片，从上面可以看见许多兔子、鼠、松鸡等动物，而且岛上树木丛生，郁郁葱葱，丝毫看不出它的凶险之处。因此，诺克斯维尔认为"死神岛"一定是当地居民杜撰出来或是他们的图腾与禁忌而已。4月14日，他们开始小心地向巴罗莫岛进发，以免遭受不必要的威胁。拳击手特雷霍特第一个走进巴罗莫岛，诺克斯维尔走在第二个，默里迪恩拉夫人走在第三个，默里迪恩拉走在最后，他们呈纵队形每人间隔1.5米左右，慢慢深入腹地。一路上他们小心翼翼，走了不久，就看见了路上的一具白骨。

默里迪恩拉夫人后来回忆说："诺克斯维尔叫了一声，'这里有白骨'，我一听，就站住了，不由自主地向后退了两步，我看见他蹲下去观察白骨。而走在最前面的特雷霍特转身想返回看个究竟，却莫名其妙地站着不动了，并且惊慌地叫道：'快拉我一把！'而诺克斯维尔也大叫起来：'你们快离开这里，我站不起来了，好像这地方有个磁场！'"

默里迪恩拉说："那里就像幻片中的黑洞一样，将特雷霍特紧紧地吸住了，无法挣脱。后来我就看见特雷霍特已经变了一个人，他的面部肌肉在萎缩，他张开嘴，却发不出任何声音，后来我才发现他的面部肌肉不是在萎缩，而是在消失。

"不到10分钟，他就仅剩下一张皮蒙上的骷髅了，那情景真是令人毛骨悚然。没多久，他的皮肤也随之消失了。"

"奇怪的是，在他的脸上、骨骼上不能看见红色的东西，就像被传说中的吸血鬼吸尽了血肉一样，然而他还是站立着的。诺克斯维尔也遭到了同样的命运。我觉得这是一种移动的引力，也许会消失，也许会延伸，因此，我拉着妻子逃出来。"

从此，"死神岛"便再也无人问津！

Di Yi Ci
Tian Kong
Mao Xian

第一次
天空冒险

偶然的发现

1783年，人类第一次利用自己制造的飞行器成功飞上天空并做了较长时间飞行。当时的飞行器是热气球，展示热气球飞行表演的是蒙哥尔费兄弟。这样的奇思妙想是怎样产生的呢？

蒙哥尔费兄弟均在法国从事造纸业，曾经因发明了新式仿羊皮纸和水锤扬水器而闻名全国。不过，真正使两人扬名于世界的，还是他们的热气球飞行试验。

1782年冬天的某一天，哥哥

探险名片

探险地：法国凡尔赛宫广场

探险者：蒙哥尔费兄弟

时间：1783年

事件：首次热气球飞行

发明热气球的蒙哥尔费兄弟。右为哥哥J.M.蒙哥尔费，左为弟弟J.E.蒙哥尔费

J.M.蒙哥尔费正坐在家里的壁炉前发呆。突然，J.M.蒙哥尔费看到妻子放在壁炉边烘烤的湿胸衣像被风吹起一样悠悠地升了起来，一直飞到天花板上。J.M.蒙哥尔费顿发奇想：既然胸衣可以由壁炉旁的热气托起，那么，可不可以把这些热气收集起来，让它托举更大的物体呢？

好奇的J.M.蒙哥尔费做了一个试验。他用上等丝绸做了一个口袋，然后点上一把小火，将口袋口朝下，把小火放在口袋的开口，用来加热口袋里的空气。只见口袋开始慢慢鼓起，并飞向天花板。

试验成功了。兴奋的J.M.蒙哥尔费立刻把这个发现告诉弟弟，两人联手进行了一次更大规模的试验。

这一次试验在室外进行，充了热气的气球升至20多米高才逐渐冷却、缩小，慢慢下沉。

蒙哥尔费兄弟进行了一系列的试验。气球越做越大，飞得越来越高、越来越快，试验也由当初的秘密转为公开。1783年6月4日，两人在家乡昂诺内镇的广场上进行了一次表演：他们先挖好一个大坑，里面放入稻草和羊毛，然后点燃这些稻草和羊毛，将产生的热空气充入一个直径达10米的气球。

在充气时，有8个壮汉紧紧拉着气球的绳索，使其不至于离开地面。气球被充满以后，8个壮汉松开绳索，气球开始向上飞，并随着风开始移动。这次表演，升空的最大高度为457米，飞行约10分钟，飞行距离约1600米。

动物参加飞行试验

蒙哥尔费兄弟的飞行试验惊动了法国宫廷。当时的法国国王路易十六对气球飞行很感兴趣，于是邀请兄弟俩前往凡尔赛宫进行飞行表演。兄弟俩收到这个邀请十分高兴，又开始紧张地准备起来。

早期的热气球。右为蒙哥尔费兄弟最早制造的热气球样式

　　原先表演用的气球不幸被烧坏了，两人在4天之内又赶制了一个新气球。这个大气球高17米、直径达12.5米，装饰得非常漂亮，还配有法兰西皇家标志。为了使表演能更吸引观众，蒙哥尔费兄弟决定用这只气球把家畜送上天空。

　　1783年9月19日，凡尔赛宫广场人头攒动，好不热闹。广场中央已经堆起一座高台，台上挖有一个大坑，里面塞满羊毛、腐肉等废弃物品。蒙哥尔费兄弟点燃这些物品，给气球充气。

　　一个小时后，充气完毕。J.M.蒙哥尔费把已经准备好的一只篮子挂在了气球下端。篮子里面有一只绵羊、一只公鸡和一只鸭子。他松开绳索，挂着篮子的热气球缓缓升起，在空中大约飞行了8分钟，最后降落在3000米以外的农田里。

被气球带上天的3只家畜和家禽中，绵羊和鸭子安然无恙，只有公鸡的翅膀受了一点轻伤。

路易十六非常满意，把圣米歇尔勋章授予蒙哥尔费兄弟，并把热气球命名为"蒙哥尔费气球"。

用热气球载人飞行

用气球将动物运上天空以后，踌躇满志的两个兄弟酝酿着更大的飞行计划：实现用热气球载人飞行。

他们着手制作了更大的气球，飞行员可以在空中加燃料燃烧，从而不断补充热气，以延长飞行时间。可是一切准备就绪时，麻烦事来了。

路易十六不同意用气球载人，理由是他要对法国人民的生命负责。两

兄弟也表示决不放弃，最终国王做了让步，但是也只同意用死刑囚犯来做载人试验。

这时候，法国科学家罗齐尔据理力争，表示第一位升空的殊荣决不能给一个囚犯，因为在这之前蒙哥尔费兄弟已经做过小规模试验，用热气球成功地将罗齐尔送到几十米高的高空。由于罗齐尔毛遂自荐，国王答应由罗齐尔和国王的一位亲戚达尔朗德共同乘坐热气球升空。

1783年10月15日，热气球载人升空的试验开始了。首先由罗齐尔自己乘坐热气球上升至26米的高度，并在空中停留了4分半钟。

经过多次这样的飞行以后，11月21日，罗齐尔和达尔朗德两人联合进行了一次热气球载人飞行。

万事俱备以后，两人爬进吊篮，并挥手向观众致意。地上操作人员解开绳索，巨大的华丽的气球缓缓升起，最高高度升至150米，在空中飞行25分钟，飞行距离达8900米，在巴黎近郊降落。罗齐尔和达尔朗德安然无恙地走出吊篮，周围的人爆发出欢乐的叫喊声，人类终于实现了几千年来升空的梦想。

北极探险
的先驱者

第一次进军北极

　　从16世纪开始，欧洲进入了一个规模空前的大探险时代。19世纪末期，挪威著名探险家弗里德持乔夫·南森在向北极的探险中大大向前跨越了一步。南森于1861年出生在挪威首都奥斯陆附近，他是著名的海洋学家、北极探险家和政治活动家。南森自幼喜爱户外活动，长期的刻苦锻炼使他具有一副强健的体格。1882年，南森曾搭乘一艘猎海豹船到达格陵兰海域，观赏到了远处雄伟的格陵兰冰帽。于是，他立下宏图大志，一定要翻越格陵兰冰帽。

　　1884年11月的一天，南森从报纸上读到一篇奇特的文章。

　　文章报道说，不久前，在格陵兰西南沿海发现了一艘北极探险船残

骸，该船名叫"珍妮"号。"珍妮"号是美国海军上尉乔治·华盛顿、德·朗格率领的北极探险队所乘坐的一艘航船。他们在经过符兰格尔岛后在新西伯利亚岛北面的冰海里触礁沉没。可万分奇怪的是，"珍妮"号怎么可能从远在3319千米以外的北极那一头漂到格陵兰这边来呢？

南森知道，过去，在格陵兰近海也曾发现过从西伯利亚森林中漂过来的木头和阿拉斯加爱斯基摩人制造的一种木兵器，于是，他产生了一个利用洋流进行北极探险的念头。

为了做好准备工作，南森想先在格陵兰进行一次适应性锻炼。他建议滑雪横越格陵兰，对尚未为人所知的内陆进行勘查。

许多人认为这是沽名钓誉的鲁莽举动。卑尔根的一份幽默报纸讥讽说："好一场表演！博物馆长南森要在格陵兰做一次滑雪表演。冰缝里有的是好座位。用

探险名片

探险地：北极
探险者：南森（挪威）
时间：1893年
事件：到达距北极361千米的地方

不着买来回票。"挪威政府也拒绝资助这次活动。南森没有气馁，他去丹麦募集了所需的资金。1888年夏天，南森同五个助手乘一只海豹捕猎船登上了荒凉的格陵兰东海岸。他们花了两个多月时间，行程600多千米，通过了覆盖着格陵兰大部分内陆的光秃秃的冰帽，最后，他们精疲力竭地抵达了西海岸的戈德霍普港。这是从未有人干过的事。

制造探险专用船只

第二年春天，他们回到挪威时，人们把他们当作英雄来欢迎。南森意识到，现在正是提出考虑已久的北极探险计划的绝好时机。1890年2月，他向克里斯蒂安娜地理学会提出了自己的建议———建造一艘专门的探险

船，让其在西伯利亚的海面上封冻，然后，任其向北漂越北极，趁此机会，弄清广大北极地区的秘密，整个航程约需2～5年。

公众对这个新颖的设想寄予了厚望，他们希望南森给挪威赢来最早到达北极的荣誉。在这种民族荣誉感的感召下，探险所需的资金很容易就得到了解决。挪威政府提供了其中的大部分，挪威公民也大力捐助，挪威国王奥斯卡慷慨解囊，为这次探险活动捐献了二万克朗。南森立即着手制造探险专用船，它要能经受住坚硬冰块的巨大压力。在北冰洋上航行，担心的不是夏季冰雪消融时散缀在北冰洋外缘的流冰，而是杂陈在北极附近的巨大浮冰块。它们顺流漂移，随潮上下，时而冻结，时而分离，互相挤压，普通的船只是经不起这种冰的压力的。

南森和著名的苏格兰造船家科林·阿切尔共同设计了一只粗短而坚固的航船。这只船的船头、船尾和龙骨部分都做成流线型，使冰块无法抓住船的任何一部分，整条船就像一条鳗鱼，能挣脱冰块的怀抱。当冰块一向它挤压过来时，船体将被冰块的强大压力猛抬起来，但不会被压碎。

南森将这只三桅帆船取名"前进"号，船体全长39米，能容纳13个人，装载着足够用5年的燃料和食物。除船帆外，还有一台蒸汽机作为辅助动力。船上还装有一台发电机，可由轮机、手摇把或风车带动，供其在北极圈内过冬时使用。

1892年10月26日，"前进"号下水，观礼者成千上万。

"前进"号虽已建成，但还有许多具体工作要做。南森亲自挑选参加探险的人员。他决定从自愿报名的数百人中选出13人，他们都是技艺超群的海员和科学家。南森积极准备生活用品和设备，征求专家的意见，在西伯利亚的一些海岛上设立应急的食物供应站，并在一个集合点准备好34头拉雪橇的狗，以备不时之需。准备工作足足花了9个月时间，直到1893年6月24日，"前进"号才正式起锚，向北极区进发。

再次进军北极

7月底，"前进"号绕过挪威的最北端，驶向北极海。几个星期中，它不停地向东驶去，战逆风，劈恶浪，在浮冰群中迂回前进，当它驶完俄国北部海岸的3/4路程时，就掉头向北，勇敢地驶向这次探险的最后目的地——北极。

头十天内，海上的浮冰还不多，但不久，远处海平线上，透过海雾，隐约地显出一条细长而密集的冰缘。"前进"号经受严峻考验的时刻到来了。南森从浮冰群中找到一个缺口，拨正船头朝冰堆驶去。他关掉轮机，以观动静。他们被厚厚的冰块团团围住，浮冰之间夹有能迅速凝冻的融冰浆，他们越来越快地被封冻在中间了。冬天将临，关键时刻到了。不久，四面已看不到海水，只见一望无际、高低不平的冰原。船员们知道，这些缓慢漂移的巨大浮冰块会随时发生碰撞，一块滑到另一块上面，堆积成高达4.6～7.6米，形成巨大压力的冰脊。

10月9日，险情发生了。一声震耳欲聋的巨响，船体拼命摇晃，像是发生了一场大地震。冰堆上下起伏，凶猛地挤压过来。但是，"前进"号没被压垮。如南森所料，冰块只是把船高高地抬起。当压力缓解时，船体又轻轻降落。每天，冰块都这样发动一次又一次的进攻，"前进"号边的冰块不断堆积，几乎触及桅杆，但"前进"号始终安然无恙。

船员们一面等待着洋流将他们漂流送往北极，一面静下心来读书、唱歌、打牌。天气晴朗时，他们还到冰上去打猎，捕捉北极熊，或者欣赏和赞叹美丽壮观、令人神往的北极光。在船被封冻期间，船员们的主要工作还是认真地进行各项科学考察项目。他们每4小时记录一次天气数据，隔一天进行一次天文观测。他们测量海洋的温度、含盐量、深度和洋流，从海底挖取样品，仔细测绘"前进"号的航线。

南森原以为北冰洋不深，而现在他放下长300米的测深线都未能触到海底。南森知道，在这样深的海洋上，实际洋流要比原先指望的洋流弱得多，而风的影响则较大。这使他感到十分不安，但更使他纳闷的还是"前进"号的速度。虽然几个月来，船的总航向是朝着西北，但是船的移动时快时慢、时停时续，有时甚至向南移动。南森失望地发现，原来估计仅需

2~5年的这次远航，很可能得花上七八年，而且，最后，船还可能偏离北极。当冰上的第一个冬天让位给夏天，而夏天的太阳又在南天隐去后，南森越发忐忑不安了。他在日记中记下了自己内心的忧虑："这样无忧无虑的生活，消极被动的生存，使我感到憋气。唉！连灵魂也会冻结。我宁愿选择去拼搏、去冒险，即使只给我一天时间！"这时，他脑中酝酿着一个大胆的计划。

在北极区的第二个冬天到来时，他向船员们提出了自己的想法。他建议，由他带一个助手，爬出被封冻的"前进"号，用冰履、滑雪鞋、狗拉雪橇或兽皮船从冰上直奔北极。然后取道散布在北极南面几百英里处的一群海岛，返回已开发的文明地区。他认为，这不会比穿越格陵兰冰帽之行更困难。他将出发时间定于2~3月，因为上一年他曾观察过，这时冰面最平坦、最适于狗拉雪橇行走，而到了5月，冰原开始融化为一块块浮冰，前进将受到阻碍。大家听了南森的计划，都热烈表示赞同。好几个人自愿要求陪同南森前往。但南森最后只选定了一个预备役海军军官约翰森做助手。南森同平常一样，认真细致地检查了途中所用的每一件设备。他和约翰森开始移到冰上去生活。他们试用了各种鞋具、衣服、食物、帐篷和睡袋，检查了雪橇和拉雪橇的狗。

抵达距北极三百余千米的地方

1895年3月14日，南森和约翰森乘三辆狗拉雪橇正式出发了。这时，

"前进"号离北极只有563千米。这之前，还从未有过一只船这样靠近过北极。开始时，他们在冰上行进并不困难，展现在他们面前的是一望无际、似乎可以一直通到北极的平坦的冰原，它像一个已经死寂的白色大理石的星球，呈现出一种难以言状的诡异的美。最初几天，他们每天可以前进约23千米。南森估计，如果能保持这个前进速度，大功不久即可告成。

可是没过多久，他们就陷入了由无数冰脊组成的迷宫。冰脊之间的通道上布满一堆堆冰砾。雪橇经常翻车，他们需要花费很大力气才能把它们扶起来，甚至抬着它们翻越一个个冰包。为了使沉重的雪橇翻越过一个个高耸的冰脊，他们还要从雪橇上下来，帮助狗一起拉笨重的雪橇，在连绵不断的冰石流中穿行。那工作可不是人干的，南森相信，连神话中的巨人也会因此而被累垮。他们累得不行，时常在滑行中就睡着了，脑袋一沉，猛地撞在自己的滑雪鞋上，才猛然惊醒。不仅如此，白天融化成的一潭潭的冰水，到了夜间，气温降到摄氏零下40度时，又结成了坚硬的冰。他们穿的衣服也因汗水凝结而冻成了一副铁衣甲胄，举手挪步，咔咔作响，如果能把衣服脱下来放在冰上，一定也能笔挺地站立着不倒。不久，南森的腕部被冻硬的袖口磨出了深深的血口子。

到了4月上旬，冰情越来越坏，南森开始对能否到达北极产生了怀疑。同时，他惊异地发现，他们好像并没有向北极靠近。

虽然他们每天都向前跑了几千米，但到了晚上，对照星座一测量，证明他们实际上还停留在昨晚的位置。这时，南森明白了，原来他们像是在

踩踏着一个巨大的转磨：浮冰向南漂移的速度差不多抵消了他们拼命向北挺进的速度。这个一向善于利用自然力的客观冷静的科学家，现在却发现自己正被自然力所利用，那是一种无法抗拒的力。

4月8日，南森终于放弃了早先的计划。他们在北纬86度14分的冰原上，度过了最后一夜。26天以来，他们走过了约200千米的路程，离北极只差约361千米。虽然他们没有到达预定的目标，但这个记录却是前人没有创造的。第二天早晨，他们开始掉头朝南面大约644千米外的法兰士约瑟夫地群岛进发。回来的旅程甚至比去时更困难。他们每天仍需与同样的冰原打交道。他们面前的冰原像是一个杂陈着无数冰脊、冰巷、冰砾和巨冰块的走不通的迷宫，他们的心都凉了，以为看到的是无数突然凝冻了的厚浪。有时看起来，不长翅膀的生物是再也无法前进了。最后，他们总算是找到了一条路。

春天到来了，同时也带来许多问题。这时，午夜的太阳在天上越升越高，气温逐渐增加到冰的熔点，覆盖在冰上的新雪融化为深可及膝的雪浆，使行进更为艰难。在缓慢移动的冰块中间，有时会出现数英里长的裂缝，继之又冻结成冰，它的厚度不足以支持雪橇的重量，却能把兽皮船割成碎片，因此，他们常常不得不绕道而行。

更糟糕的是粮食越来越少，特别是狗的食物更感缺乏。于是，他们只好把衰弱的狗一头头杀掉，靠吃狗肉维持生存。到6月中旬，只有三头狗还活着，他们两个人也要同狗并排拉雪橇了。不久，出现了一些好的征兆，比如，他们经常在冰上发现北极熊的足迹。有时，他们可以打死一头北极熊来补充食物储备。

入夏以后，海鸥和其他水禽经常在头顶翱翔。这一切都说明陆地已离此不远了。但是，他们仍未找到陆地，甚至也不知道自己现在的位置在哪里。直到7月24日，即在他们向南行进了三个半月后，才在远处地平线上看到一个海岛。南森喜出望外，但他们还得艰苦跋涉两个星期才能到达海边。到海边后，他们改乘兽皮船驶向这个海岛。其实这里不只是一个海岛，而是一个群岛，正是他们所要寻找的法兰士约瑟夫地群岛。

在以后的三个星期里，他们一会儿登上这个海岛，一会儿又登上那个海岛，勘测各处的海岸，当他们脚踩着坚实的岩石，看到岩缝中盛开的罂粟花时，心里真有说不出的高兴。

但是，北极区的夏天是短促的。到8月底，坚冰已从四面包围了海岛，切断了向南的一切航道。他们将面临着一场新的考验：在这个荒凉的海岛上度过一个漫长严寒的冬天。他们立刻着手去捕猎海豹，用海豹皮做遮风御寒的材料，用海豹的膏油做燃料。他们还去捕猎北极熊，越冬的食物和用来做垫褥的熊皮算是有了。接着，他们又盖了一座石砌的小房子，用苔藓堵塞壁缝，用不透水的厚海豹皮做屋顶。

9月底，他们住进了小房子，安心过冬。冬尽春来。2月25日，他们看到了第一批候鸟从南边飞来，于是情绪高涨。南森这样写道："这是来自

生活的第一声问候。吉祥的鸟儿啊，欢迎你们！"显然，现在该是他们启程走完最后一段路程的时候了。5月19日，他们出发了。他们把用品装在兽皮船上，再把兽皮船绑在雪橇上。在冰上，他们就拉着雪橇走，遇水则当船来用。在一个月里，他们不顾冷水的浸泡、海豹的危险，不怕寒夜睡进潮湿的睡袋，跨越了一个又一个海岛，一直朝南行进。

胜利返回挪威

1896年6月16日，他们露宿在一个海岛附近的冰上。当笼罩海岛的晨雾开始消散时，好奇心促使南森独自向海岛漫步走去。这时，鸟儿成群地在头顶回旋，啁啾乱鸣，不绝于耳，蓦地，又闻远处的狗吠，一个陌生人正迎面走过来，向他招呼。南森简直不敢相信自己的眼睛和耳朵。原来，走过来的正是他认识的英国北极探险家弗雷德里克·杰克逊。他是经过这里准备去探索一条抵达北极的陆上通道的。

南森和约翰森搬进了杰克逊讲究的营地，过了几个星期帝王般的舒适生活，直到一只来自挪威的运货船把他们载送回国。

南森回到挪威一个星期后，接到了"前进"号代理船长发来的电报，报道"前进"号已安全返回。正如南森预料的那样，"前进"号后来继续随着洋流漂浮，尽管最后偏离了北极，但还是安全地通过了北极海。

| # 第一个
到达北极点的人

第一次冲刺北极的失败

1908年，皮亚里发起了他的第三次，也是最后一次向北极的冲击，当时他已经50岁了。

皮亚里曾经两次横穿格陵兰并发现了格陵兰岛最北端的土地，这片土地后来被称为"皮亚里地"。

在它最北端的突出部分，被皮亚里命名为"莫里斯·杰塞普尔角岛"，这是一个美国老板的名字。

　　在远征中，皮亚里意识到，几个人的探险队比大规模的探险队更适合突进性的探险；同时他也发现，格陵兰附近洋流太快，并不适合作为北极探险的起点，于是皮亚里把起点转移到了北美的最北端地区。

　　皮亚里第一次试探性航行，曾经到达埃尔斯米尔岛最北端的"哥伦比亚角"，计划把这里作为奔赴北极的大本营。

　　皮亚里先派先遣队去打探道路，并把食物送到指定地点，以减轻主力

探险名片

探险地：北极

探险者：皮亚里（美国）

时间：1908

事件：到达北极点

气候寒冷、
环境恶劣的
北极

部队冲刺北极时的负担。

然而，由于经验不足和体力不济等原因，探险队第一次冲刺北极的计划失败了。

向北极的第二次冲击

1905年，皮亚里从纽约出发，开始了向北极的第二次冲击。较之第一次，这支探险队中多了很多因纽特人。

因纽特人是北极的当地居民，皮亚里雇佣他们加入探险队伍，主要的目的是考虑到因纽特人对北极生活比较熟悉，探险时能够帮助他们摆脱困境，甚至在危险时还可以帮助自己求生。

经过漫长的旅程，皮亚里第二次来到了哥伦比亚角，接着又向北行驶150千米，到达了赫拉克角。

同第一次一样，皮亚里开始在这里建立大本营，并派出因纽特人作为先遣队开拓道路，沿途建造食物补给站。

当主力队员开始向北极冲刺时，气温已降至零下50摄氏度左右。虽然冬季里浮冰不易融化，可是冰却不是静止的。

在彼此的冲撞中，这些浮冰变得坑坑洼洼，严重影响了探险队的冲刺速度。

皮亚里做了估算，以他们当时一天行进8千米的速度，在到达北极点前，食物早就吃光了。无奈之下，皮亚里下了南撤的命令。第二次冲击又遗憾地失败了。

第三次冲击

1908年6月，不甘失败的皮亚里驶离纽约港，向北极点发起第三次冲击，老罗斯福总统亲自为他送行。正是这一次冲击成就了皮亚里，他成为第一个登上北极点的人。

这一次的准备工作较前两次更为充分：由所有的赞助商组成的"皮亚里北极俱乐部"，解决了资金问题上的后顾之忧；探险队伍中包括船长、医生、秘

书、助手、领路的因纽特人，分工明确，各负其责。

1909年2月，探险队第三次到达哥伦比亚角，皮亚里开始在这里建立大本营，为冲刺做最后的准备。

最先从大本营出发的是由英国人巴多列特率领的救援队，他们每隔一段距离便驻留几个人，建立了皮亚里冲刺北极的补给站。随后，皮亚里带领探险队主力共24人，踏上了远征北极点的路程。刚出发不久，他们便被一条"河流"挡住了去路。这是冰层的裂缝，"河流"里的水是从裂缝中冒出的。

幸好第二天水流已经结冰，他们才摇摇晃晃地穿过了裂缝。不久又遇到了同样的情况，这次逗留了6天，直至水流冻结，他们才继续前进。

完美实现极点探险

3月底，探险主力已经经过了所有的补给站，剩下的路程只有依靠自己的力量了。4月1日，皮亚里选定黑人助手马特和亨森及4个因纽特人开始向北极做最后的冲刺，这时距离北极点只有214千米了。

4月5日，探险队已经到达距离北极点只有9千米的地点，前面又一次出现一条河流。这一次，他们没有等待河流的冻结，而是取附近的冰块凿成舟，乘坐"冰舟"渡过了河。艰苦的工作使大家筋疲力尽，但是，北极点已经近在咫尺，对胜利的渴望支撑他们走完了最后一段路程。

1909年4月6日，皮亚里的双脚终于踏上了北极点，并在附近停留了约30个小时。他在极点与同伴合影留念，并升起了妻子为他缝制的美国国旗。接着，皮亚里的探险队开始向南返回，由于是轻车熟路，沿途又有补给站的接济，他们非常顺利地于4月23日回到了大本营——哥伦比亚角。

　　至此，在北极附近，东北航线、西北航线、极点均已打通，人类对北极的地形和轮廓有了全面的了解，确信了地球的"顶部"没有陆地，只有深深的海洋。人类300多年的极点探险计划完美地实现了。

南极
探险之旅

是谁发现了南极

数百年来，各国数以千计的探险家和科学家，奔向南极洲，有的将毕生的精力，甚至生命，贡献于南极大陆的发现。但谁是第一个发现南极大陆的人？迄今仍有很大争议。

这一方面是客观的原因，年代久远，证据不充分；另一方面则是主观的原因，涉及有些国家对南极的领土要求和民族尊严等。

英国的探险家库克经过两次环球航行后断言，不可能存在一个富饶的南方"未知大陆"，但后来却有些人拼命证明他是第一个发现南极大陆的人。

俄国的别林斯高晋和拉扎列夫看见了靠近南极大陆的亚历山大一世地，但有些人却说他们不知道看见的是什么。但是这些早期南极探险的先驱那不畏艰险的精神和毅力是值得称颂和学习的。他们的业绩，不但名垂于史册，而且还鼓舞和激励着一代又一代探险家和科学家，投身于南极科学考察事业。

最早去南极探险的国家

最早寻找南方"未知大陆"的有英国、俄国、美国和法国。英国的詹姆斯·库克在1768年率船开始寻找南方大陆，首次环绕南极航行，驶进南极圈，抵达南纬71度10分的海域，他是南极探险的先驱。英国的威廉·史密斯在1819～1821年，5次率船到南极海域航行，发现了南设得兰群岛。

俄国的别林斯高晋在1819年率船到南极，驶入南极圈，环绕南极航行，几经航行，在1821年发现距南极大陆不远的彼得一世岛。美国的纳撒内尔·帕尔默，在1820年率船驶向南设得兰群岛海域，继续航行，发现南极半岛。英国的詹姆斯·威德尔在1822年率船向南极挺进，创造了南行的新纪录，到达南纬75度15分的海域。

法国的迪蒙·迪尔维尔在1839年时向南极进发了，在南极圈附近，他发现一条海岸线，并登上岸边。

英国的詹姆斯·罗斯在1840年开始，率船驶抵南纬78度11分的海域，又创向南航行的最高纪录，发现了大陆冰障和两座火山及多个群岛，并寻找到南磁极，进行了精确的测量。

第一个到达南极点的人

1911年12月14日，挪威著名极地探险家罗阿德·阿蒙森历尽艰辛，闯过难关，终于成为人类第一个登上南极点的人。阿蒙森从小喜欢滑雪旅行和探险，他是世界西北航道的征服者，曾经3次率探险队深入到北极地区。1897年，他在比利时探险队的航船上担任大副，第一次参加了南极探险活动。

1909年，当他正在"先锋"号船上制订征服北极点的计划时，获悉美国探险家罗伯特·皮尔里已捷足先登，他便毅然决定放弃北极之行的计划，改变方向朝南极点进发。

1910年8月9日，阿蒙森和他的同伴们乘探险船"费拉姆"号从挪威起航。他在途中获悉，英国海军军官斯科特组织的南极探险队，也是以南极点为目标，早在两个月前就出发了。这对阿蒙森来说，是一个不是挑战的挑战，他决心夺取首登南极点的桂冠。

经过4个多月的艰难航行，"费拉姆"号穿过南极圈，进入浮冰区，于1911年1月4日到达攀登南极点的出发基地——鲸湾。阿蒙森在此进行了10个月的充分准备，于10月19日率领5名探险队员从基地出发，开始了远征南极点的艰苦行程。

前半部分大约六七百千米的路程，他们乘狗拉雪橇和踏滑雪板前进。后半部分路程主要是爬坡越岭，尽管遇到许多高山、深谷、冰裂缝等险

阻，但由于事先准备充分，加上天公作美，他们仍以每天30千米的速度前进。

结果仅用不到两个月的时间，就于12月14日胜利抵达南极点。阿蒙森激动的心情简直难以言表。他们互相欢呼拥抱，庆贺胜利，并把一面挪威国旗插在南极点上。他们在南极点设立了一个名为"极点之家"的营地，进行了连续24小时的太阳观测，测算出南极点的精确位置，并在点上叠起一堆石头，插上雪

探险名片

探险地：南极
探险者：罗阿德·阿蒙森
　　　　（挪威）
时间：1911年
事件：到达南极点

橇作为标记，还在南极点的边上搭起一顶帐篷。阿蒙森深信斯科特很快就能到达南极点，而自己的归途又是相当艰难的，任何意外都有可能发生。于是，他便在帐篷里留下了分别写给斯科特和挪威哈康国王的两封信。阿蒙森这样做的用意在于，万一自己在回归途中遇到不幸，斯科特就可以向挪威国王报告他们胜利到达南极点的喜讯。阿蒙森在南极点上停留了3天。12月18日，他们带着两架雪橇和18只狗，踏上了返回鲸湾基地的旅途。1912年1月30日，他们再乘"费拉姆"号离开南极洲，于3月初抵达澳大利亚的霍巴特港。

阿蒙森伟大的南极点之行，轰动了整个世界，人们为他所取得的成就欢呼喝彩。

最伟大的南极探险家

　　罗伯特·弗肯·斯科特是英国皇家海军军官，原先他既不是探险家，也不是航海家，而是一个研究鱼雷的军事专家。1901年8月，他受命率领探险队乘"发现"号船出发远航，深入到南极圈内的罗斯海，并在麦克默多海峡中罗斯岛的一个山谷里越冬，从而适应了南极的恶劣环境，为他后来正式向南极点进军打下了基础。斯科特攀登南极点的行动虽比挪威探险家阿蒙森早约两个月，但他却是在阿蒙森摘取攀登南极点桂冠的第三十四天才到达南极点，他的经历及后果与阿蒙森相比有着天壤之别。虽然他到达南极点的时间比阿蒙森晚，但却是世界公认的最伟大的南极探险家。

　　1910年6月，斯科特率领的英国探险队乘"新大陆"号离开欧洲。1911年6月6日，斯科特在麦克默多海峡安营扎寨，等待南极夏季的到来。

　　10月下旬，当阿蒙森已经从罗斯冰障的鲸湾向南极点冲刺时，斯科特一行却迟迟不能向目的地进军。因为天气太坏，虽值夏季但风暴不止，又几个队员病倒了，所以直至10月底，斯科特才决定向南极点进发。

　　1911年11月1日，斯科特的探险队从营地出发。每天冒着呼啸的风雪，越过冰障，翻过冰川，登上冰原，历尽千辛万苦。

　　当他们来到距极点250千米的地方时，斯科特决定留下他本人和37岁的海员埃文斯、32岁的奥茨陆军上校、28岁的鲍尔斯海军上尉，继续向南

极点挺进。

　　1912年初，应该是南极夏季最高气温的时候了，可是意外的坏天气却不断困扰着斯科特一行，他们遇到了"平生见到的最大的暴风雪"，令人寸步难行，他们只得加长每天行军的时间，全力以赴向终点突击。1912年1月16日，斯科特他们忍着暴风雪、饥饿和冻伤的折磨，以惊人的毅力终于登临南极点。

　　但正当他们欢庆胜利的时候，突然发现了阿蒙森留下的帐篷和给挪威国王哈康及斯科特本人的信。阿蒙森先于他们到达南极点对斯科特来说简直是晴天霹雳，一下子把他们从欢乐的极点推到了惨痛的极点。

　　此刻，斯科特清楚地意识到，队伍必须立刻回返。他们在南极点待了两天，便于1月18日踏上回程。半路上，

探险名片

探险地：南极

探险者：罗伯特·弗肯·斯
　　　　科特（英国）

时间：1912年

事件：到达南极点但殉职于
　　　返回途中

两位队员在严寒、疲劳、饥饿和疾病的折磨下，先后死去。

剩下的队员为死者举行完葬礼，又匆匆上路了。在距离下一个补给营地只有17千米时，遇到连续不停的暴风雪，饥饿和寒冷最后战胜了这些勇敢的南极探险家。3月29日，斯科特写下最后一篇日记，他说："我现在已没有什么更好的办法。我们将坚持到底，但我们越来越虚弱，结局已不远了。说来很可惜，但恐怕我已不能再记日记了。"

斯科特用僵硬不听使唤的手签了名，并做了最后一句补充："看在上帝的面上，务请照顾我们的家人。"

葬身南极洲

　　过了不到一年，后方搜索队在斯科特蒙难处找到了保存在睡袋中的3具完好的尸体，并就地掩埋，墓上矗立着用滑雪杖做的十字架。斯科特领导的英国探险队的勇敢顽强精神和悲壮业绩，在南极探险史上留下了光辉的一页。他们历经艰辛，艰苦跋涉，却没有将所采集的17千克重的植物化石和矿物标本丢弃，为后来的南极地质学做出了重大贡献。他们探险的日记、照片，也都是南极科学研究的宝贵史料，至今仍完好地保存着。为了让人们永远地纪念他们，美国把1957年建在南极点的科学考察站命名为"阿蒙森—斯科特站"。

冰雪覆盖、充满艰险的南极

雪山
飞人巴莱鲁斯

富有冒险精神的滑雪家

有着100多次高山陡坡滑雪纪录，曾经滑越包括令人生畏的埃格尔峰、塞维诺峰、勃朗峰的东北坡、大贝奈尔山的北坡，以及珠穆朗玛峰的马卡露西坡在内的巴莱鲁斯，被世界公认为最富有冒险精神的滑雪家。不过，在他所有的冒险经历中，最精彩、最危险的一次壮举是从阿尔卑斯山脉的萨索隆哥山飞射而下。

　　1986年5月1日凌晨3时，浓重的黑幕笼罩着大地，巴莱鲁斯被一阵清脆的闹钟铃声从梦中惊醒。今天，是他去征服萨索隆哥山的日子，他已经盼望很久了。在黑暗中他从床上一跃而起，匆匆穿好衣服，背起沉重的登山滑雪装备，其中有两米长的雪橇、雪杖、登山皮靴、靴钉、冰斧和一个塞满其他登山用具的背包。

　　他在离开时说："只有我在日落时还没回家，才可以对外请求救援。"

探险名片

探险地：阿尔卑斯山

探险者：巴莱鲁斯（意大利）

时间：1986

事件：征服萨索隆哥山

　　汽车朝着寒拉山隘进发，穿过这个海拔2240米的山隘，开始驶下布满急转弯的窄路。几个小时后，在淡淡的黎明微光中，一个巨大模糊的轮廓出现在眼前，那就是萨索隆哥山。

　　海拔3181米的萨索隆哥山全部由白云岩构成，远远看去，犹如一个尖形模样的庞然大物，尤其是东北坡更是令人望而生畏，一堵参差不平的石壁足有1600米高，突出的岩石和积雪散乱交错在一起。这座山在意大利的攀山等级中被列为最高级，有人曾做过调查，在100万人之中，最多只有一个人会考虑去攀登它。而巴莱鲁斯不仅仅要登上峰顶，更令人难以置信的是还要从峰顶滑雪而下。

挑战萨索隆哥山

　　早上6时，巴莱鲁斯背着沉重的装备匆匆上路了。黎明的光线还很昏暗，在这空寂无人的雪山中，巴莱鲁斯独自一人像幽灵似地穿过一片高

原，然后迂回曲折，爬越过无数岩石。他选择直上峰顶的路线。他坚持这样一个想法，那就是向上攀登时必须有几乎不可能想象的难度，否则，即使下来也毫无意义。

当然，什么叫不可能，并没明确的答案，用巴莱鲁斯的话说："可能与不可能的区别，不在于山坡的表面陡度，而在于自己的头脑和体力。尽管面对的山壁也许看起来光溜溜的，但总会有一个或两个可攀附的地方，只要你具备足够的经验、体力和勇气去寻找。"

在5年前，巴莱鲁斯就曾梦想滑下萨索隆哥山东北坡，并为此而仔细察看了地形。山坡左边全是一落几百米的峭壁，右边是无数的石灰岩柱，中间有两条拉长的"S"形白线。那是两条陡峭无比的峡谷，峡谷中间有无数冰雪不顾地心引力，附着在峡谷两壁。从那两条悬空的雪线上滑行，

危险异常，一失足就必死无疑。

对巴莱鲁斯而言，那白色的雪线就是一个梦想的开始，一个准备用生命作为赌注来实现的梦想。

当巴莱鲁斯被问及为什么要去冒这样巨大的风险时，他回答说："我之所以这样，就像一些人立志要绘一幅举世杰作，或者独自扬帆环绕地球一样，我也想展示我的天赋，把它运用到没有人敢去的地方。其实，在我们每个人的心里，都有一支特别的歌曲，唱出这支歌曲，便是展露了人生的真谛。如果一个人抑制内心的曲调，简直生不如死。对于我，死亡固然可怕，但虚度此生则更令我害怕。"

此刻，巴莱鲁斯的梦想就要实现了，他显得非常激动，开始攀登。越接近顶峰，攀登便越困难，积雪填塞了所有裂缝和空隙，以致攀登点非常难找。但是，他经过了7小时的努力，萨索隆哥山顶已经触手可及了。

成功跨上了峰顶

14时，他终于跨上了峰顶。那是一堆带有红色斑点的白岩石。天公作美，晴朗的天空一片深蓝，在和煦的阳光下，雪层将变得比较松软，这样，下滑时积雪容易在岩石上形成一层软垫，有利于高速滑行。时间不容浪费，巴莱鲁斯匆匆地往肚子里塞了几块干粮后，立即检查所有的装备。一切已经准备就绪，他沿着一条异常陡峭的雪沟，开始了惊险异常的急速下滑。由于速度太快，扑面而来的冷气流像刀割一般。然而，此刻的巴莱鲁斯根本顾不上这些，只是两眼紧张地瞪视着前方。突然，前方的斜坡猛地下削，毫无疑问，斜坡的尽头处一定是个悬崖，刹那间，他的视野全被天空包围了。

巴莱鲁斯下滑的速度越来越快，离悬崖只有10米远了。这时，他看清崖下的正前方，是高低不平的岩石区，假如笔直冲下去肯定会粉身碎骨，只有右边显得比较平坦，雪层也较厚。然而，不管崖壁下的情况怎么样，带着巨大的惯性从悬崖上冲下，其危险的程度是可想而知的。

这很可能是巴莱鲁斯的最后一次滑雪。这位勇敢的险坡滑雪家，到了眼下的生死关头反而十分镇定。因为他身上有一种独特的气质，那就是善于在自我对抗时取胜，而不善于与别人对抗。比如他的滑雪技术，足以达到世界超一流的水平，但他从未在滑雪大赛中拿到过奖杯。

有时候，他在选拔测验时表现得十分出色，但到正式对抗的比赛时却一败涂地。一次又一次失败，使巴莱鲁斯了解到他永远不可能成为一名优秀的滑雪比赛选手，若想出人头地，就必须选择别的途径。从此以后，险

坡滑雪便成了他终生为之奋斗的项目。

在梦境中飞翔

说时迟，那时快，就在滑下悬崖前的瞬间，巴莱鲁斯猛地将雪橇向右急转，改变了前冲的方向。大约半秒钟之后，巴莱鲁斯已经飞过了悬崖，这时，他犹如坠入到一个无穷无尽的空间，不仅没有任何恐惧，反而感到自由奔放，心中涌起一股难以表达的喜悦。他的思想和动作已合二为一，自己的身体仿佛变成了高山和天空的一部分，就像在梦境中飞翔一样。

当然这不是梦，这确确实实在飞行。当飞滑而下的身子快要着陆时，巴莱鲁斯收起了幻想的翅膀，回到现实之中，竭力使自己保持平衡。他的每一根神经都绷紧到了极点，因为一旦失去平衡，落地时将带来不可挽回的灾难。幸好，灾难没有发生，雪橇落下时，带着与积雪尖利的摩擦声，下坠力化为前冲力，使巴莱鲁斯死里逃生，继续向前滑去。巴莱鲁斯正沿着雪沟下滑，蓦地，附近传来一阵震耳欲聋的轰隆声。巴莱鲁斯凭借着丰富的经验，知道可怕的雪崩发生了，前方的征途将充满危险。他用力撑动雪杖，尽量加快速度，同时警惕地观察四周动静。山顶上的大雪块不停向下崩落，稍不注意就有可能被埋葬在深雪中。当巴莱鲁斯穿过一条狭窄的山峡时，头顶响起了令人恐惧的雪块摩擦声。

他抬头一看，不禁倒吸一口冷气，右上方的积雪已出现一条条大裂

缝，小山似的大雪块缓缓向下移动，几分钟甚至几秒钟内就可能坠落，巴莱鲁斯如果不能在最短的时间内冲出山峡危险区，必将葬身雪中。

巴莱鲁斯使出了全部的生命潜力，拼命滑行，就在他刚刚离开危险区边缘时，身后传来一连串天崩地裂的巨响，大块的积雪带着怒吼直泻而下，巴莱鲁斯回头一看：天啊！刚才还是好端端的一条山峡，现在已被积雪填满。值得庆幸的是他快马加鞭，现在已置身其外。

成功征服大山

向前望去，前面的山坡比较开阔，但有不少参差不齐的岩石突起，成了笔直向前滑的障碍。巴莱鲁斯不愧是滑雪高手，只见他左旋右回，在岩石障碍中优美地进行着曲线滑行，最危险的路程已经过去，现在每绕过一块突起的岩石，每下降一米，就离成功近了一步。

在大功即将告成之际，也就是离山脚还有200米的地方，巴莱鲁斯遇到了最后的考验。那是一段倾斜约60度的坚厚冰墙，根本无法从如此陡峭的地方下滑。巴莱鲁斯权衡再三，决定放弃毫无希望的冒险，最后，借助于绳索滑下山脚。

17时，巴莱鲁斯站在山脚下，久久地仰望这座庞然大物，连自己都不敢相信，这座看似不可能征服的大山竟被自己征服了。

中国
探险者遇难之谜

余纯顺遇难

　　中国孤身徒步旅行家余纯顺在 8 年多的徒步中国之行中，不知遇到过多少回生死考验。让人们感到最不可思议的是：历尽千难万险之后，九死一生的余纯顺居然会倒在一次事先计划极为"周密"的探险之中。

　　1996年5月，余纯顺赴罗布泊所属的巴音郭楞蒙古自治州州府库尔勒。10天后，上海电视台摄制组也赶到，准备实地拍摄他的探险行踪。应该说，这一次行动比他以往任何一次都要准备充分。当地旅游局派出向导和车队陪同他和摄制组先往罗布泊熟悉了要走的路线。由他本人每隔7000

米预先埋下 6 瓶矿泉水和一些食物，并在探险全程中设了两个宿营地。

当余纯顺独自一人背负行囊，向地面温度高达68～70摄氏度的罗布泊纵深地域走去的时候，依然像往常一样平静乐观。谁也没有想到第二天一早他刚走出罗布泊西岸就倒下了。在他失踪 6 天后，负责搜寻的直升机在罗布泊一个土丘的阴凉处发现了他的遗体。

在一顶已倾倒的蓝色帐篷里，余纯顺呈一个大写的"人"字躺着，头向着故乡上海，脸色安详。死时仿佛还在走路，两手握拳，左腿向前，呈

探险名片

探险地：罗布泊
探险者：余纯顺（中国）
时间：1995年
事件：探险者遇难

探险名片

探险地：长江

探险者：尧茂书（中国）

时间：1985年

事件：漂流遇难

现活生生的走路姿势。多方权威人士综合分析，余纯顺因高温环境下缺水而引起急性脱水，全身衰竭而死亡。

尧茂书命丧通珈峡

在众多漂流长江、漂流黄河的壮举中，尧茂书的"第一漂"无疑占据里程碑的地位。在长达6年的资料准备和体能锻炼之后，尧茂书立志要为中国人争气，首漂在中华大地上奔腾了亿万年的长江，于是在1985年5月，他坐车向长江的源头格拉丹东雪山进发。在长江源头沱沱河，他遇到过凶猛的棕熊袭击，吃不上蔬菜，喝不上干净的饮用水；而波涛汹涌的通天河大浪滔天，险恶非常；曲折蛇行的峡谷，湍急汹涌的江水，时时有折桨覆舟的危险。

尧茂书白天与几米高的巨浪搏斗，夜晚停泊岸边时手持藏刀与狼群

相持，在环境险恶的长江源头地区，每天他都走在死亡边缘。"敢为天下先"的尧茂书最终魂断金沙江的通珈峡，这是一道令人闻之色变的恶峡，江岸边山形如刀削，全峡约80米长，最窄处涨水时也不过三四十米宽。直下的水流，猛烈撞击横亘江中的一块20米高的巨石，水声如雷，折转的江水形成一个可怕的大漩涡。

尧茂书进入金沙江的第二天下午，在距通珈峡下游2000米的巴塘乡相占村江面上，当地居民发现距河岸 5 米处有一红色橡皮筏倒扣在江中一块石头上，皮筏下方10米多处有一个红色的人形漂浮物在水中一起一伏，上有帽子，下有靴子。

等人们打捞时，人形漂浮物已经被冲走，在打捞上来的橡皮筏中，有尧茂书的相机、笔记本、猎枪和证件。

据专家分析，在进入通珈峡前后，尧茂书因密闭式救生衣不散热，很可能已经中暑，在这种情况下控制船的能力较低。橡皮筏在进入通珈峡后直冲巨石，撞后翻船，漩涡推着人、船一起旋转，而那件肥大的救生衣则将他的身躯按在水中，使其在激浪中窒息而死。

十七勇士魂断梅里雪山

梅里雪山是怒山山脉的主峰，其最高峰卡瓦格博峰海拔6740米，是云南省的第一高峰。

1990年年底至1991年年初，中日友好梅里雪山登山队实施第五次攀登，17名登山好手集结在海拔5300米的3号营地，在摩拳擦掌准备冲刺顶峰时，却在一夜之间全部神秘失踪，造成我国登山史上最大的一次遇难事件，也是世界登山史上第二大悲剧。人们推测是夜间发生了大雪崩，坠落的冰雪把3号营地及17条人命一口吞噬了。梅里雪山攀登路线长，气象条件极不稳定，地形也很复杂，多冰崩、雪崩区。甚至有人认为，梅里雪山的综合攀登难度要超过珠穆朗玛峰。

探险者去探险，是为了探索自然之谜和实现人生之梦。而他们壮志未酬中途折翼，又给后人留下了新的谜团……

探险名片

探险地：怒山主峰

探险者：中日友好梅里雪山登
　　　　山队（17人）

时间：1990年

事件：登山前失踪

Shui Shi
Zheng Fu Zhu Feng
Di Yi Ren

谁是
征服珠峰第一人

登山史上的悬念

1953年5月29日，新西兰人埃德蒙·希拉里和同伴丹增一起，从珠穆朗玛峰（简称珠峰）南侧攀登，第一次站在了世界之巅。

埃德蒙·希拉里于1919年生于新西兰。他自幼就喜欢登山和探险活动，在中学时就开始了登山探险的实践。除了攀登珠峰以外，他还登上过喜马拉雅山脉的11座山峰，其高度全部在海拔6000米以上。

在此之后的1958年，他又完成了独自穿越南极的壮举。这是他的又一次成功的冒险经历。

由此，大多数人把埃德蒙·希拉里视为世界上第一批登上珠峰的人。

不过，也有人怀疑这一壮举行动早在1924年就已经被英国登山者马洛里和埃尔文完成了。

因为在这一年的6月8日，与他们同行的登山队其他队员亲眼看到这两位登山者攀上了离山顶最高点只有几百米的地方，并且继续向顶点冲击。

然而，他们最终消失在山上那片神秘的迷雾中，再也没能回来。于是，"谁是征服珠峰第一人？"这个问题便成了世界登山史上未定之论。

一部失踪的相机

根据历史资料，马洛里登顶的路线要经过一段现在被称为"第二阶梯"的地方，这是一片裸露的岩层，非常难于攀登。

尽管有人认为马洛里和埃尔文在1924年有可能成功登顶，但是仍有很多人怀疑，以当时落后的登山设备，他们两个人根本无法通过"第二阶梯"。

1999年，美国登山家埃里克·西蒙森率队在珠峰海拔8150米的地方发现了马洛里的尸体。

当时，他身上还绑着绳子，但绳子已经断开，右手肘部脱臼，右腿多处断裂，头部也有重伤。

显然，他是在急速跌落后导致身亡的。

人们在马洛里尸体附近还发现了一个氧气瓶，但没找到埃尔文的遗体。

世界第一峰——
珠穆朗玛峰

探险名片

························

探险地：珠穆朗玛峰

探险者：埃德蒙·希拉里

（新西兰）

时间：1953

事件：登上珠穆朗玛峰

由于此前曾有人发现马洛里把黑色的防风镜放在口袋里，西蒙森据此相信，马洛里已经登顶，遇难是正在下山的路上。

根据资料，参加1924年登山探险的霍华德·索莫韦尔在马洛里冲顶前曾把一架照相机交给了他，人们推测那里面很有可能留下了他们是否登顶的证据。

中国队员的回忆

现在看来，要解开1924年是否有人成功登顶的谜团，只有找到埃尔文的尸体和那架相机才行。

2003年，曾参加1960年中国登山队登顶行动的许竞对英国《星期日泰晤士报》透露，当年他曾在珠峰北坡海拔8272米的地方发现过埃尔文的尸

体，地点就在发现马洛里尸体的碎石斜坡的上方。

许竞说："埃尔文的尸体在一条约一米宽的崖壁裂缝中。他躺在睡袋里，好像是想暂时在那里避一避，不料一睡不醒。当时埃尔文的尸体是完好的，只是皮肤已经发黑。"

这一信息为寻找埃尔文尸体带来了一线希望：如果许竞描述的情况是准确的，那么，埃尔文的尸体，连同那架失踪的照相机都有可能被找到，从而使所有问题迎刃而解。不过，要解开"谁是登顶第一人"这一历史谜团并非易事。恶劣的天气已经使得部分探险者不得不退回了营地。而随着印度洋季风的到来，气候因素对搜寻工作的不利影响将更为严重。所以，要解开"谁是登顶第一人"这一历史谜团还有待时日。

Tan Xun
Gui Yi De
Sha Ren Hu
探寻
诡异的杀人湖

离奇的死亡

2002年8月初，美国洛杉矶市的克曼罗海洋火山考察研究组组成了一行3人的考察队。队长是研究所退休的女研究员莫莱。队员为28岁的弟弟赖钦·达罗克姆和32岁的哥哥奇尔顿·达罗克姆，兄弟两人都是海洋火山学家。

考察队考察的对象是茨基火山与茨基湖，茨基火山非常奇特，虽然它内部岩浆活动已经持续数百年，山口还经常冒出白烟，可是一直没有喷发，成为世界海洋火山研究界的一个谜。茨基湖位于火山口内，是奇特的火山湖。据说，湖中有时会冒出不可捉摸的魔鬼，杀人不见血。

8月19日，考察队来到茨基火山下，几十米深的山口下，茨基湖水平

如镜。奇尔顿想测量湖深，却发现声呐仪由于电池受潮而无法使用。于是，他利用往水里抛下一块大石头的方法，根据回声测量水深。赖钦与莫莱考察坡外情况。过了一会儿，赖钦独自登上山口张望，发现哥哥倒在岸边，他立即跑下坡。突然，他感到胸闷，心跳也骤然加快。同时，脚像灌满了铅一样，怎么也挪不动了。他感到奇怪，几秒钟前还是好好的，怎么一下子就这样？

他想叫莫莱来相助，可是怎么也喊不出声音。他张大嘴，拼命喊叫，声音却小得像蚊子声一样；接着他觉得心快要跳出胸口，随即眼前发黑，他几乎要昏死过去。然而，一阵凉风吹来，他很快就恢复了正常。

他来到哥哥跟前，只见哥哥死死睁大眼睛，一眨不眨，嘴巴竭力张大，舌头长长伸出，令人不寒而栗。这时，莫莱也赶来了。赖钦摸摸哥哥的胸口。心跳早已停止了，身体已经僵硬。警察勘

探险名片

探险地：茨基火山与茨基湖
探险者：美国人
时间：2002年
事件：解开杀人湖秘密

察表明，尸体没有受到任何打击，奇尔顿身边既没有发现外人的脚印，也没有发现任何动物接近的痕迹。警员们将尸体运到了当地警察局尸检中心。法医认定奇尔顿系窒息而死。可是在死者的脖子上，没有痕迹。由于死者张大嘴，伸长舌头，加上口鼻处没有任何加压的痕迹，因此法医也断定，口鼻没有被人堵塞。奇尔顿之死太离奇了！

众多无头案件

警长说："20多年来，在这个湖边或者湖面的船上，曾发生过50多例无头案件。近年来，我研究了所有案情，发现它们都发生在无风的时候。其中65％的案例的共同点是先向水下抛重物，接着抛物者窒息而死。死时模样也非常悲惨。因而茨基湖有'杀人湖'的恶称。"

"更令人不解的是，火山口底部有人窒息的同时，在十多米甚至几米高的山口内坡上的人，却毫无异常。更奇的是约35％的人昏死后风一吹就自动醒了。醒来后，他们都说昏死前的憋闷比死还难受。可醒来后健康如常。更让人不解的是，还有许多不信邪的人向湖中大胆抛重物，甚至连续抛重物，却安然无恙。我们费尽心机，还是无法弄清其中的秘密。"

初次下潜湖底

　　2002年9月26日，赖钦套上简易的浅潜装置，独自到湖底探测。他将决定告诉了莫莱，请莫莱作为证人前往。莫莱大惊："这样最多能潜10米，而茨基湖底肯定超过10米；不到湖底，意义不大，要到湖底，实在冒险。况且独自潜入这样一个死亡之湖，这怎么行呢！"可是赖钦执意要去，莫莱决定陪同前往。

　　2002年10月2日，他俩来到了湖边。下水后，随着深度的增加，赖钦觉得胸口压力越来越大，水温也一下子升高很多，一看温度表，升高了约10摄氏度！他虽然吃了一惊，还是坚持下潜。湖底终于到了。湖底有不少大小不等的洞口，每个洞口都冒出一串串水泡。

这时，他觉得手脚发抖，脑袋的血管快要爆开了，胸口快要压炸了。可是，他还是尽全力控制住手，用带来的容器装满一瓶水样。经化验，水中冒出的气体为二氧化碳。而二氧化碳在空气中含量只要达到10%就能置人于死地。

那么洞口为什么会冒出这么多的二氧化碳呢？赖钦决定再次下水探索，莫莱被他锲而不舍的精神感动了，同意再次陪同。

再次下潜湖底

2002年10月11日，他们又来到茨基湖边。这次赖钦套上性能更好的浅潜装置。大约下潜至12米深处，他还没有发现多少水泡，可是再下潜约一米，突然发现大量水泡。再细看，发现所有的水泡在离湖底约3米处就不再上冒。好像上面有一层厚玻璃将水泡挡住了。他再细看这"隔离层"，觉得它们没有异常。上岸后，赖钦与莫莱才发现水样有些混浊，这在水下是无法看清的。回来后，他们请科学委员会主任佩德尔到场，对水样进行检测。结果表明，水样中有大量其他湖泊中罕见的有机物。

据分析，它与茨基湖中沉淀物的化学成分十分相似。由此可以认定，这些有机物也是茨基湖中的特殊沉淀物。

　　一个月后，赖钦发现"湖底"冒出的水泡在离"湖底"约20厘米处受到阻挡，大量聚集。他欣喜不已，立即取出这一层面的水样。结果表明，水的比重增大、密度加大。进一步化验表明，有机物的分子大量溶入了水分子的空隙中。赖钦得出结论，由于加热的二氧化碳大量喷涌，促使这些特殊有机物溶化于水，又将它们托起，达到一种平衡后，形成了一层比上层重的水层。随着这层水的渐渐增厚，密度慢慢加大，最终它像一层无形的棉被盖住了水泡。而原来沉底的沉积物，则大量减少。

　　赖钦兴奋不已，接着进行关键的"投石"试验。他在水面上小心翼翼地放下一块小石头。

　　在石头穿过"隔离层"的一瞬间，大量的水泡从被打破的"隔离层"缺口处钻出，水面二氧化碳的浓度骤增。水泡冒了一阵后，由于对"隔离层"向上的压力明显减轻，水泡仍然停留在"隔离层"下面，破洞已经自动"修复"了。接着，他又向"湖中"扔石头，可是这时"隔离层"虽然被击破，但由于它下方的托力不足，所以漏洞很快就自动合拢。水泡并没上冒多少。"连续抛石不杀人"的秘密也找到了！接着，他又开始耐心等待，不再投石，两个月后，大量积累的水泡终于冲破"隔离层"最薄弱的一处，再次涌上。更神秘的"不抛石也杀人"奥秘也揭开了！

塔齐耶夫
火山口探险

最猛烈的一次火山爆发

火山爆发是最令人恐惧的自然灾害之一。1883年5月20日，在印尼苏门答腊和爪哇岛之间的桑德拉海峡，一个叫喀拉卡多的火山岛爆发了，持续了3个多月。

8月27日，喷发的猛烈程度达到了极点，深红色的岩浆夹着滚滚黑烟，径直喷向天空，巨大的轰鸣声不绝于耳，黑云遮天蔽日，岩石变成暗红色的液体，犹如脱缰的野马奔腾咆哮，一泻千里。

随风飘散的火山灰弥漫了天空，连日光也变得暗沉沉的。火山爆发造成36000多人丧生，爆发的巨响在4800千米外都听得见，爆发引起的海

啸，掀起的浪头高达30多米，吞没了数百条船只。

火山灰和裹挟的小石子如滂沱大雨，以每小时90厘米厚的速度把方圆65千米的整个区域全部覆盖了。这是人类历史上有记载的最猛烈的一次火山爆发。

探索火山爆发的奥秘

火山爆发是可怕的，但人们并没有被它吓倒，许多勇敢的科学家，冒着生命的危险，去探索火山爆发的奥秘，比利时的哈伦·塔齐耶夫就是其中的一位。

在加勒比海东部的群岛中，有一个风景如画的小岛——瓜得罗普岛。

在1976年的夏天，小岛却被一

阵乌云笼罩着，岛上的苏弗里埃尔火山连日来频频喷发，严重威胁着岛上70000多居民的生命安全。

一些火山专家认为，火山总爆发迫在眉睫，必须在6个星期内撤走全部居民。

一时间，岛上居民人心惶惶，拿不定主意是撤还是留下来。就在大家犹豫不决时，火山专家哈伦·塔齐耶夫来了。

他从事火山探险40多年，积累了丰富的经验。以他为首的专家小组提出，苏弗里埃尔火山的内部结构与千岛群岛、印度尼西亚群岛上的许多火山构造相似，近期内每隔10分钟一次的小爆发，是由于地下水被加热，产生高压蒸气冲出来而引起的，因此不会发生灾难性的火山总爆发。

但以上仅仅是推测，它事关几万人的生命财产安全，必须有足够的证据才行。

为此，塔齐耶夫决定亲临火山口，去查看岩石变化的情况。许多专家劝他打消这个大胆的念头，因为在频繁喷发的火山口，进行这样的勘察十分危险，但塔齐耶夫坚持要冒这个险。

探挺进火山

1976年8月30日的清晨，塔齐耶夫一行9人，戴上安全头盔和防火眼镜，穿着特制的防火衣，出发了。

探险名片

探险地：苏弗里埃尔火山
探险者：哈伦·塔齐耶夫
　　　　（比利时）
时间：1976年
事件：探访火山爆发地

　　在这段充满危险的道路上，他们一步三望，小心翼翼，经过几小时的攀登，终于爬到了海拔1467米的火山口附近。

　　就在这里，塔齐耶夫发现两位化学家掉队了，更糟糕的是，火山口突然冒出一股可怕的透明气体，它缓缓穿过云层，并变换成黑色，紧接着，岩浆像钢水般沸腾起来，好几处窜起几十米高的"喷泉"，接二连三的爆炸声震耳欲聋，团团黑烟拔地而起。

　　塔齐耶夫意识到，他们遇上了火山喷发。无数岩石碎块雨点般地抛落在他们身上，情况十分危急，必须找个暂时安身的地方。在这阵慌乱中，探险队又有两个人走失了，塔齐耶夫和其余4人紧缩一团，躲进了泥沼地。

　　泥沼地并不是安全地带，岩石碎片还是不停地从空中落下来，有两块砸在塔齐耶夫的头盔上，震得他两眼冒金星，险些昏过去。

此情此景，对经历过上百次火山探险的塔齐耶夫来说，无疑是最危险的一次，因为他们离火山口太近了。

时间好像有意放慢了步伐，塔齐耶夫感到窒息，度日如年。火山仍不停地喷发着，塔齐耶夫周围积满了岩石，他意识到，死神随时可能降临。

看着4个同伴狼狈地趴在地上，塔齐耶夫感到一阵内疚，是自己把他们引入烈火和死亡的境地，但现在，无论怎样自我责备都是毫无意义的，唯一的希望就是早点脱离险境。岩浆喷溢的速度快得惊人，每小时达80千米。在他们周围，每分钟都要落下

三四十块岩石。

就在这时，一道炽热的熔岩从塔齐耶夫身边流过，热浪炙得他透不过气来。塔齐耶夫下意识地向后移动了一下，但最后还是鼓足勇气，冒着生命危险，伸出特种耐高温合成金属做成的探棒，蘸取了少量熔岩样品，当探棒接触熔岩的一瞬间，探棒上的温度计立即显示出岩浆温度——1250摄氏度。

冒险进行探测

不久，流出的岩浆渐渐变成了黑褐色。探险者们乘着火山轰鸣的间隙赶紧取出电脑分析仪，分析岩浆中的各种成分。

除此以外，他们还搜集了硫化物、氯化物和其他一些气体样品。经过分析，塔齐耶夫发现这些气体的浓度比原先估计的要低，以上一系列数据，使这位火山专家深信，苏弗里埃尔火山不具备总爆发的条件。

"袭击"又开始了，塔齐耶夫竭力控制住自己的情绪，镇定地趴在发烫的地面上。就在这时，一块滚烫的碎石砸向他的膝盖，一阵钻心的痛楚之后，他感到双脚麻木，全身一阵抽搐。

塔齐耶夫下意识地伸了伸腿，发现自己的脚还能动弹，他抚摸着膝头，抹去干硬的泥痂，暗自庆幸没有骨折。

他紧贴着地面，默默地等待着火山喷射的结束。

喷射持续了8分多钟，塔齐耶夫根据以往的经验，凡是火山大爆发的高峰时间极短，往往只有几秒钟，甚至还不到一秒，但喷射出的岩浆碎石数量却极大。可现在，岩浆溢出火山口过了两分钟才到达高峰，这使塔齐耶夫更坚定了自己的看法：

在近期内，苏弗里埃尔火山不会发生可怕的大爆发。正当塔齐耶夫在认真思索时，又产生了一次岩浆喷射，一块10千克重的石块撞在他胸部，击断了他的几根右肋骨。他除了感到胸骨一阵声响、鲜血直往外流以外，就什么也不知道了……

又过了十多分钟，隆隆的喷发声音终于停止了，周围喧嚣的世界，一下子变得寂静无声，火山喷发的溶液不但把生物消灭了，好像连空气也胶着凝固了一般，四周静得连一根针落地的声音也能听见。也许是上帝的仁慈吧，浑身血污的塔齐耶夫，居然奇迹般地苏醒过来。他和同伴们拖着伤

痕累累的躯体，缓缓向山下转移。他们互相搀扶着，忍着伤痛，深一脚浅一脚地走下山来。

　　临走时，塔齐耶夫还不忘记抓几块刚冷却的熔岩标本，塞入身边的耐火袋中。这时，一架直升机发现了他们，他们终于得救了。

无所畏惧的"火神"

　　当人们把塔齐耶夫送进医院时，他已经遍体鳞伤，右肋、膝盖和颈部流血不止，防火衣上有好几处被熔岩损坏，不少皮肤属于二度烫伤。

　　由于塔齐耶夫的冒险勘测，使瓜得罗普岛上75000名岛民避免了一次搬家大迁移，他因此受到政府的嘉奖，被人们誉为无所畏惧的"火神"。

火山爆发时的壮观景象

探秘
圣贝尔山

失踪的士兵

第一次世界大战结束后，在英国官方的记录簿上，有一段这样的记录："在土耳其境内追击土耳其军队的诺福连队341名官兵，全部失踪，下落不明。"

事情的经过是这样的：1915年8月21日，英国陆军诺福连队的341名官兵奉命在土耳其圣贝尔山丘追击土耳其军队。为了及时了解战况，英军司令部随后又派出20余名官兵，登上圣贝尔山丘附近的高山上观察。

探险地：土耳其圣贝尔山
探险者：英国气象专家
时间：1915年
事件：341名官兵神秘失踪

由于当时乌云密布，天色太暗，这些负责观察战况的官兵什么也看不清。大约过了半个多小时，圣贝尔山丘上空的乌云突然消散了，阳光把周围几十千米范围内的一切照耀得一清二楚，地面、山沟、树木、石块清晰可见。

可是，令人奇怪的是341名官兵却踪影全无。

一个拥有几百名官兵的连队，竟然在众目睽睽之下悄然消失，使得英军司令部的指挥官们大惑不解。

难道在一个小时之内，这些官兵可以走出人们肉眼看不到的几十千米之外？这显然是不可能的事。是中了埋伏？还是被土耳其军队俘虏？

如果是这样，无论如何也应留下战斗的痕迹，但现场什么也未发现，甚至连土耳其军队的踪影也未发现，而且战后土耳其也一口咬定从未在圣贝尔附近俘虏过一名英国陆军士兵。

有人猜测，这可能和"第四度空间"有关，或许这一连队英国陆军在追击中凑巧走向通往第四度空间的入口，

因此便在人们眼皮底下消失了。但这种猜测又毫无根据……

探索失踪奥秘

英国曾下决心揭开这341名官兵失踪的奥秘。他们派出气象学家在圣贝尔山丘做了非常细致的调查，发现山丘上的大小石块竟然呈现涡旋状，直径约达1000米。

后来，还在荆棘上找到几缕破碎的军服布料。附近居民也传说距圣贝尔山丘100多千米的山区曾发现过一些七零八落的骨骼。

于是，他们猜想这个连队官兵可能是在山丘上遇到了龙卷风的袭击，被极为强大的旋转气流卷走了。

然而，通过对历史上曾发生过的类似失踪事件的分析，这种猜想又有些站不住脚了。

难以侦破的失踪案

1711年，4000余名西班牙士兵驻扎在派连民山上。第二天援军到达那里时，军营中营火依然燃烧着，马匹、火炮原封不动，而数千名官兵却全部消逝了。

军方搜寻了好几个月，仍然没有一点踪影。

1930年春天的一个夜晚，加拿大北部一个小村庄里的100余名因纽特人突然失踪，而且连村头的坟墓也被掘开，埋在里面的尸骨不翼而飞，只有衣物、食具、饮具等生活用品完好无损。

如果说被别人所掳，为什么毫无痕迹呢？

如果说和"第四度空间"有关，那他们又未曾走动；如果说被龙卷风卷走，为什么火仍燃着、物仍留着……

于是，也有人只好将之解释为可能被"外星人"掳获走了。总之，迄今为止，仍然没有答案。

探索
"死亡三角区"

两起相同的空难

1969年7月30日，西班牙各家报纸都刊登了一条消息，该国一架"信天翁"式飞机于29日15时50分左右在阿尔沃兰海域失踪。

人们得到消息后，立即到位于直布罗陀海峡与阿尔梅里亚之间的阿尔沃兰进行搜索。由于那架飞机上的乘员都是西班牙海军的中级军官，所以，军事当局相当重视，动用了10多架飞机和4艘水面舰船。当人们搜寻了很大一片海域后，只找到了失踪飞机上的两把座椅，其余的什么也没发现。在这次事故发生前两个月，即同年的5月15日，另一架"信天翁"式飞机也在同一海域莫名其妙地栽进了大海。

那次事故发生在18时左右，机上有8名乘务员。据目击者说，那架飞机当时飞行高度很低，驾驶员可能是想强行进行水上降落而未成功。机长麦克金莱上尉侥幸存活，他当即被送往医院抢救。尽管伤势并不重，但他根本说不清飞机出事的原因。人们还在离海岸不远的出事地点附近打捞起两名机组人员的尸体。后来几艘军舰和潜水员又仔细搜寻了几天，另外5人却始终没找到。

据非官方透露的消息说，那次飞行本来是派一位名叫博阿多的空军上尉担任机长的，临起飞才决定换上麦克金莱。这样，博阿多有幸躲过了那次灾难。然而好运并没能一直照顾他。时隔两个月，已被获准休假的博阿多再次被派去担任"信天翁"式飞机的机长。这次，他没有再回来。

探险名片

探险地：阿尔沃兰海域
探险者：西班牙人
时间：1969年
事件：飞机失事

在死亡三角
区上空遇险
的飞机

这一事实促使人们得出结论说，这是两起一模一样的飞机遇难事故。两架相同类型的飞机，从同一机场起飞，由同一个机长驾驶，去执行同一项反潜警戒任务，在同一片海域遇上了相同的灾难。但谁也无法解释，失踪的"信天翁"式飞机发回的最后呼叫"我们正朝巨大的太阳飞去"，这究竟意味着什么？

四架飞机一起扑向大海

西地中海"死亡三角区"的3个顶点，分别是比利牛斯的卡尼古山，摩洛哥、阿尔及利亚、毛里塔尼亚共同接壤的延杜夫，再加上加那利群岛。在这片多灾多难的海域不断发生着飞机遇难和失踪事件。

1975年7月11日10时，西班牙空军学院的4架"萨埃塔式"飞机正在进行集结队形的训练飞行。突然一道闪光掠过，紧接着，4架飞机一齐向海面栽了下去。附近的军舰、渔船及潜水员们都参加了营救遇难者和打捞飞机的行动。他们很快就找到了5名机组人员的尸体。但是这4架刚刚起飞几分钟的飞机为什么要齐心合力朝大海扑去呢？西班牙军事当局对此没有作任何解释，报界的说法是"原因不明"。

有人做过统计，从1945年第二次世界大战结束至1969年的20多年和平时期中，地图的这个小点上竟发生过11起空难，229人丧生。飞行员们都

十分害怕从这里飞过。他们说，每当飞机经过这里时，机上的仪表和无线电都会受到奇怪的干扰，甚至定位系统也常出毛病，以致搞不清自己所处的方位。这大概就是他们把这里称作"飞机墓地"的原因吧！

七具尸体和六个西瓜

如果说飞机失事是因定位系统失灵，从而导致迷航造成的，那么对货轮来说，就令人费解了。因为任何一位船员都知道太阳就可以用来作为确定方向的参照物。西地中海面积并不很大，与大西洋相比，气候条件也算是够优越的。然而，在这片海域失事的船只一点也不比飞机的数量少。这里发生的最早一起船只遇难事件是在1964年的7月，一艘名为"马埃纳"号的捕龙虾的渔船不幸遇难，有16名渔民丧生。此事相当奇特，引起了人们各种各样的猜测。8月8日，西班牙报纸刊登这则消息时却说"没有一个合情合理的解释"。

事情经过是这样的：7月26日22时30分，特纳里岛的一个海岸电台收到从一艘船上发来的一个含糊不清的"SOS"呼救信号。但它既没有报出自己的船名，也未说出所在的方位。23时整，该电台又收到一个相同的告急信号，之后就什么也听不到了。第二天10时45分，海岸电台收到另一艘渔船发来的电报，说他们在距离博哈多尔角以北几海里的海面发现了7具穿着救生衣的尸体。有人认出他们是"马埃纳"号上的船员。电文还说7具尸体旁边还浮着一只空油桶和6个西瓜，此外什么都没发现。

为了寻找可能的生还者，海岸电台告知那片海域上的船民让他们也沿着前一艘渔船的航线航行。过了一天，一艘渔轮报告说找到3具穿救生衣的尸体。几十艘船在这里又整整搜寻了3天，均一无所获。

后来在非洲海边的沙滩上又发现了两个人的尸体。这样一共找到了12个人，其余4人始终没有下落。

事后人们提出了许多疑问，比如：在相隔半小时的两次呼救信号中，"马埃纳"号的船员怎么没能逃生？他们为什么两次都不报出自己的船名和方位？也许那些穿着救生衣的人是被淹死的？可遇难地点离海岸只有一海里，为什么船上那些水性娴熟的船员竟连一个也没能游到岸边？

还有人推测说他们是饿死的。但是这似乎站不住脚，因为最先被捞上来的那7名船员在海里顶多待了9个小时，这么短的时间，一般是不大可能饿死人的。还有一种认为船上发生过爆炸事故的假设也可以推翻，因为捞上来的尸体完全没有伤痕。任凭人们如何猜测，制造了这场灾难的大海一直保持着沉默。

全体船员迷失方向

　　地中海7月份的气候总是风和日丽的。1972年的7月26日上午，"普拉亚·罗克塔"号货轮从巴塞罗那朝米诺卡岛方向行驶。

　　到了下午，不知怎么回事，这艘货轮掉转船头驶到原航线的右边去了。原来船上的导航仪奇怪地受到了干扰，并且船长和所有的船员没有一个人还能够辨明方向。

　　出发时船长曾估计，他们在第二天10时左右即可抵达目的地。但次日凌晨5时，"普拉亚·罗克塔"号遇上的几名渔民却说，这里离他们要去的米诺卡岛足有几百海里。

　　很难设想，在这段时间里，这艘货轮上所有的人都丧失了理智或喝醉了酒，以致连辨认方向的能力都没有了。这又是一起没人说得清楚的海上事故。

日本
"魔鬼海"探险

太平洋上的"魔鬼海"

神秘莫测的百慕大三角是令人生畏和难以捉摸的海区，有不少舰船和飞机在那里惨遭不幸或无缘无故地销声匿迹。直至今天，科学家也未能揭开它的神秘面纱。

正当海洋学家们为寻找打开百慕大三角之谜的钥匙而绞尽脑汁之时，又一个"百慕大"出现在科学家们的面前。

探险名片

探险地：日本浦贺水道
探险者：日本人
时间：20世纪
事件：轮船失事

在日本千叶县野岛崎以东的洋面上，出现了一个以沉没巨轮而闻名的"百慕大"，人称太平洋上的"魔鬼海"。

野岛崎位于日本房部总半岛的最南端，它本来是个岛屿。1703年，一场大地震使海底隆起而变成了半岛，与横须贺隔海相望，其间便是船舶进出东京湾的门户——浦贺水道。所谓"魔鬼海"，就是指北纬30度～36度，东经144度～160度之间的一片海域。

1952年9月18日，日本"妙神丸"渔轮返回港口时，渔民们都说，海面上"恶浪翻滚得都形成了巨大的穹顶"。这可能是海底火山爆发！著名的富士山山脉从伊豆半岛一直向南，延伸至马里亚纳群岛，日本列岛的大部分地震都

是由它引起的。当这片海域的海底火山喷发时，海浪喧腾咆哮，能掀起异常可怕的巨浪并形成海啸，有时还会涌上海岸，给沿岸村庄带来深重的灾难。对此，日本渔民十分恐惧。

考察船赶赴"魔鬼海"

日本科研人员对"妙神丸"渔轮的报告表示了极大的兴趣。在获得消息的第三天，即9月21日，日本航海安全署派出了自己的考察船。与此同时，东京渔业大学也召集了一批科研人员乘"新阳丸"考察船赶赴"魔鬼海"。这些科研人员都是日本科学界有威望的学者，分别来自东京大学、东京教育大学、东京科学博物馆和其他研究机构。

9月24日，这两艘考察船先后完成了任务安全地返回了。日本水文地理署的工作人员看着他们的考察报告，开始为自己派出的"海阳5丸"考察船担心了。这艘船也是9月21日离开东京的，上面乘着不少学者。一连等了几天，也没有得到"海阳5丸"的任何消息。这时整个日本都惊惶不安起来，因为船上有几位日本最著名的地质学家和海洋学家，还有20多名船员。

令人迷惑不解的是，这艘考察船自离港后就连一份电报也没发回过。

派出去寻找的人员陆续回来，他们报告说，除了一座新发现的火山重又喷发以外，其他什么也没有发现。

接连不断的失踪事件

不久，日本海事当局正式宣布："海阳5丸"失踪了。在此之前，政府曾派出大批飞机和船只四处搜寻，最后都毫无线索。最重要的收获便是在新发现的那座火山附近海面上找到的一些碎木块。除此之外，人们连一个浮筒、一艘橡皮艇、一具

在魔鬼海
遇险的船
只

尸体也没看见。这次灾难使日本科学界蒙受了无法挽回的巨大损失，而灾难本身就具有一种神秘莫测的色彩。

人们在问：为什么没有收到"海阳5丸"的任何电文？为什么它不在最危险的时刻发出呼救信号？即使海底火山喷发再凶，也总该在附近海面发现尸体吧？为什么没有呢？更加令人惊愕的是，这艘装有几十吨汽油的考察船，竟然没有留下一丝一毫的油迹！

1969年1月5日，日本54000吨的矿砂船"博利瓦丸"在该海域被折成两截，31名船员中只有两人获救；1970年1月5日，利比里亚万吨级油轮"索菲亚"号断成两截沉没，接着，另一艘万吨级油轮"安东尼奥斯·狄马迪斯"号在2月6日沉没了，两艘船上共有16名船员失踪或死亡；同年2月9日，一艘60000吨级的矿砂船"加利福尼亚"号在"魔鬼海"又沉没；1980年底，一艘由美国洛杉矶驶往中国的南斯拉夫货轮"多河"号在"魔鬼海"遇到险情后突然失踪了。据日本报界报道，1949～1954年，先后有9艘船在"魔鬼海"失踪，其中除两艘船失踪后找到一碎片外，其余7艘船则什么痕迹也没有留下。

1973年日本海岸警卫队发表了"白皮书"，声称1968～1973年在"魔鬼海"失踪的渔船有数百艘。

1957年4月19日，日本轮船"吉川丸"沿"龙三角"航线由南太平关驶向归国途中，船长和水手们突然清楚地看到两个闪着银光、没有机翼、直径10多米长、呈圆盘形的金属飞行物从天而降，一下子钻入了离轮船不远的水中，随后海面上掀起了奔腾的涌浪。

1981年1月2日17时47分，希腊货轮"安提帕洛斯"号在"魔鬼海"突然失踪。科学家们发现，在"魔鬼海"附近失踪的船舶有的竟连无线电呼救信号也来不及发出；有的虽发出了SOS信号，但是当救助飞机赶到时，巨轮早已无影无踪，在海面上仅留下漂浮物和浮油。

1981年4月17日，"多喜丸"航行在日本东海岸外海。忽然间，一个闪出蓝光的圆盘状物体从海中冒出来，掀起一阵大浪，差点把"多喜丸"打翻。它在空中盘旋着，速度极快，无法看清它的外表细节，直径约在200米左右。

在它出现时，船上无线电通信失灵，仪表的指针也乱作一团，疯狂地快速旋转。后来，它重新飞回海中，又造成大浪，把"多喜丸"的外壳打坏了。

船长臼田计算了一下时间，来自海中的发光飞行物从出现至隐没共约15分钟；然而就在它钻回水下后，船长发现船上的时钟奇异地慢了15分钟。

"魔鬼海"沉船奥秘

"魔鬼海"沉船的奥秘究竟在什么地方？据海洋气象学家观察，北太平洋冬季的风浪是很大的，但对于万吨特别是几万吨以上的巨轮来说，这些风浪实实在在无法将其掀翻或折断。

不过，科学家们认为，"魔鬼海"附近的风浪与北太平洋其他海域的风浪不太一样。在"魔鬼海"，常常会看到能掀起高达20～30米金字塔形的"三角波"。"三角波"就是巨轮沉没的罪魁！可"三角波"又来源于何因呢？海洋科学家们做出了很多猜测，但由于人类还未能获得有关"魔鬼海"的第一手资料，因此，也仅仅是猜测而已。

Fu Lan Ke Lin
Tan Xian Dui
De Fu Mie

富兰克林
探险队的覆灭

探险名片

探险地：北极

探险者：富兰克林

时间：1845年

事件：富兰克林船队失踪

因何去探险

15世纪后期，欧洲探险家想从西北或东北的航行中，找出前往亚洲的航路。当时，正值西班牙和葡萄牙的鼎盛时期，它们从美洲、印度，尤其是从中国的贸易中获得了巨大的利益。

英国也想急起直追，但是已有的航道被西、葡两国所霸占，所以摆在面前的第一个难题就是寻找通往东方的航线。当时，人们已知道挪威北部并没有结冰，于是，探险家开始了他们寻找西北航线的北极探险，并为此而前赴后继地奋斗了几个世纪之久。

1845年，英国政府决定设立两项巨奖：20000英镑奖励第一个打通西北航线的人；5000英镑奖励第一艘到达北纬89度的船只。正是这一巨奖导致了北极探险史上最大的一次悲剧。

探险队准备出发

海军少将约翰·富兰克林热衷于找寻西北航道，在得到英国海军部提供的经费后，于1845年5月19日带领129人乘"黑暗"号及"恐怖"号两艘船出发，

首先驶向格陵兰岛，然后沿加拿大北海岸西行。

富兰克林的两只探险船不仅装备有当时最先进的蒸汽机螺旋桨推进器，在需要时还可以将这种螺旋桨缩进船体之内以便于清理冰块，而且还装备了前所未有的可以供暖的热水管系统。此外，它们还装有厚厚的橡木横梁以抵挡浮冰的冲撞和挤压，人们认为，这种新式的探险船完全可以冲破西北航线上的冰障。

当时，几乎所有人都认为，成功是必然的，那两项巨额奖金肯定会被富兰克林获得。按照富兰克林的计划，当探险队驶经巴芬湾时，船会在冰层中被冻住，熬过冬季，待夏季解冻时，远征队再继续向西行驶，直至下一个冰冻期降临为止。船上储备的食物及物资足够用3年，包括：61987千克面粉、16749公升饮料、909千克用于治病的酒、4287千克巧克力、1069千克茶叶、大约8000桶罐头、15100千克肉、11628千克汤、546千克牛肉干和4037千克蔬菜。他们预定于1848年抵达太平洋。

探险队的失踪

自从1845年7月下旬，有些捕鲸者在北极海域看到了富兰克林的船队后，便再也没有他们的任何消息。至1848年年末，英国方面确信富兰克林的队伍已经失踪，不过搜索者们一直没有找到任何可信的证据。

至1854年，在北极居民因纽特人中流传的消息传到了英国，这些消息说：有一群来路不明的白人正在北极的海岸边奄奄一息。哈得孙公司的约翰·雷博士把这个消息及遇难者的一些遗物带回英国，其中有富兰克林本人的一枚勋章，这些东西便成为证明富兰克林探险队遭难的最初线索。

对探险队实施救援

从1848年后的10多年里，共有40多个救援队进入北极地区，展开大面积搜索。这些救援队伍大部分都是由政府派出的，但也有少数是个人资助的。其中最感人的是富兰克林的妻子简的不倦努力，她坚信自己的丈夫还活着，所以不惜一切代价，先后派出4艘船到不同的地方去搜索。特别有意思的是，她指示各个船长，按照一个刚刚在爱尔兰死去不久的4岁女孩

凭自己的灵感所画出来的神秘的航海图去进行搜索，而后来的结果却表明，这个航海图居然非常准确地指出了富兰克林出事的地点，因而成了一个耐人寻味的谜。起先，人们还抱着一丝希望，但几年之后，事情已变得很清楚，任何救援活动都已毫无意义，此后的努力只不过是为了搜索富兰克林探险队全军覆没的证据罢了。

线索的发现

　　1859年，利波尔德·麦克林托克船长在距布西亚半岛不远的威廉国王岛上发现了一条当年探险船上使用的救生艇，艇中装有死人骨骼。而且，在救生艇附近，麦克林托克发现破碎的尸骨散落在四周。麦克林托克注意到一件不寻常的事情：这群走投无路的水手拖着小艇逃难时，在艇中塞进了500多千克重的奇怪货物：茶叶和巧克力、银制刀、叉和匙、瓷器餐具、衣物、工具、猎枪和弹药，偏偏没有探险船上储存的饼干或其他配给食品，都是些不能吃的东西——除非把人体也算进去。而因纽特人传播的消息中恰恰提到了吃同伴尸体的事。

没有谜底的谜

一个半世纪过去了，人们对于富兰克林探险队的覆灭仍然觉得迷惑不解、扑朔迷离，似乎是一个永远也无法解开的谜。因为，129名身强力壮的男子，携带着足够3年以上食物和物资，却一去不复返，并且无一生还，这种惨案是难以解释的。于是，科学家也来揭秘这个疑案了。

1981～1982年，加拿大阿尔伯塔大学的人类学家欧文·比埃蒂和其

他考古学家一起追踪当年的考察线路，结果在威廉国王岛上找到了31块骨骼，这些骨骼散布在一个石头窝篷遗址的四周。经过仔细研究和分析表明，这些骨骼属于同一个人体，年龄约在22～25岁，无疑这是一名富兰克林探险队水手的尸骨。

比埃蒂对尸体的骨骼组织进行了分析，1982年，第一个微量元素分析结果出来了，比埃蒂惊讶地发现，在那位不知名的水手的骨骼中，铅元素的含量超过人体正常含铅量的2280%，也就是说，遇险水手骨骼中的铅含量是正常标准的20

上图：富兰克林船队食用的罐头的外包装上的铅含量严重超标，这估计是该船队全军覆灭的主要原因。

下图：加拿大阿尔伯塔大学的考古学家在威廉国王岛上找到了31块骨骼，这些骨骼的铅元素的含量极高。

倍。在19世纪40年代，铅在人们生活中使用很广，即便如此，这也大大超过了当时的工业标准。这一结果立刻引起比埃蒂的高度重视。

那么，是什么原因引起如此严重的铅中毒的呢？据比埃蒂分析，虽然铅的来源可能是多方面的，来自茶叶的包装铅箔、铅合金的器皿和用铅镶嵌的用具等。但最主要的来源是罐头食品。

原来听装罐头是1811年才在美国取得专利，作为一种新技术为皇家海军所用。而那时的密封罐头用的焊料主要是铅和锡的合金，其中铅的含量达90%以上。这种焊料还有一个缺点，就是流动性差，所焊的缝隙常常会留下许多空隙，因而导致食物腐蚀变质。

由此便引起了两个严重后果，一是导致食用者铅中毒；二是有相当大一部分罐装食品很快变质而无法食用。对富兰克林探险队来说，这两个结果都是致命的。这很可能就是富兰克林探险队全军覆没的最根本的原因。1890年，英国政府正式颁布法律，禁止在食品罐头的内部采用焊锡，但对富兰克林来说，却实在是太晚了。

征服世界
最高峰的勇士

攀登珠峰的前奏

　　20世纪初，世界最高峰的身影最早进入欧洲山地探险家的视野。1921年，英国登山探险家乔治·马罗列勇敢地踏上探索珠穆朗玛峰奥秘的征途。马罗列和他的探险队此行的目的，首先是要找到这座披着神秘面纱的山的具体位置。

　　他们历经艰辛，费尽周折，终于在中国和尼泊尔的边境上找到了珠穆朗玛

探险名片

探险地：珠穆朗玛峰

探险者：英国人

时间：20世纪

事件：征服世界最高峰

峰。虽然一切现代交通手段在它那里毫无用处，但在当地夏尔巴人的帮助下，马罗列一行对珠峰进行了一系列的详细考察，为日后攀登珠峰打下了基础。

1924年，马罗列随同一支装备先进的英国登山队来到喜马拉雅山麓，准备向珠峰发起冲击。当地的人都习惯于山地生活，他们帮助登山队把沉重的给养和设备背到了7800多米的高山营地，成了最理想的帮手。马罗列和他的队友便从这里向顶峰攀登。马罗列的两名队友在第一次攀登中登上了8300米的高度，突破了当时世界登山史上的最高纪录。然而，可怕的暴风雪阻挡了他们前进的步伐。暴风雪把他们刮得晕头转向，好不容易等到风势稍弱，他们携带的氧气已剩下不多，不能确保向顶峰攀登的成功。他俩只好怀着懊悔的心情，踏上归途。

当天气好转，风力减弱，马罗列和一个年轻力壮的队友又接着向顶峰攀登。他们艰难地越过了一道道峭壁冰川，在充满死亡威胁的道路上勇敢地前进着。好不容易到达了8500米的高度，他们抬头望去，白雪皑皑的峰顶已近在眼前，他俩心里真有说不尽的高兴，恨不得一步走完那剩下的300多米路程。可是天有不测风云，一场更为猛烈的暴风雪在刹那间降临了，马罗列和队友被大风刮得无影无踪。直至10年后，人们才在珠峰脚下的积雪中找到了一把他们遗留下来的雪斧，成为他们的唯一遗物。

屡败屡战

整整10年过去了，在这期间一共有9支探险队一次又一次向珠峰发起冲击，企图征服这座神秘险峻的山峰，但是，他们的努力都因各种原因遭到失败。俗话说：失败是成功之母。英勇无畏的探险家们虽然连续遭受了10次失败，但他们勇敢的尝试，给后来者提供了信心和经验。

1953年3月，第十一支，也是英国有史以来最强大的一支登山探险队汇集在尼泊尔首都加德满都，准备再次攀登珠峰。不久，这支探险队就出发到设在海拔3900米的第一登山营地。探险队在营地里搭起了20个不同形状和颜色的帐篷，用来住宿和存放食品、氧气等物品。一支由舍普族人组成的运输队担负运送一切给养和设备的任务。

探险队到达营地以后，立即开始了登山练习和适应气候的训练。队员们都很清楚地知道，面对珠峰这难以捉摸的"凶神"，只有做好最充分的

准备，否则即使是最先进的设备和最周密的计划也无济于事。因此，人们不厌其烦地练习爬山技巧，扩大肺活量和增强肌肉，为从南坡攀登珠峰做精心的准备。经过3个星期的严格训练，探险队的基地移到了海拔5400多米的昆布冰川，它横跨在令人心惊胆战的大山峰之间，是攀登珠峰的第一难关。这里不仅坡陡路滑，而且气候变化无常，常常会发生雪崩等意想不到的危险。

准备后的正式攀登

在高山基地稍事休整后，勇敢的登山队员们开始投入正式攀登。希拉里和另3位队员担负在冰坡上开辟阶梯的任务，好让庞大的运输队负重在上面行走。由于暴风雨、雪崩和冰川移动等影响，这项工作既艰苦而又复杂。

他们缓慢而艰难地向上攀登，彼此间都用系绳连接着，以防有人不慎滑下冰坡时，同伴能及时把他拉上来。他们借助铝梯，爬过一个又一个深不可测的冰窟窿。遇到又滑又陡的冰坡，他们每前进一步都必须用雪斧凿出台阶。

在经历千难万险之后，登山队员们总算通过了这一冰川地区，转到了珠峰的南坡。这时，可怕的高山反应出现了，不少队员产生了思考力减退、萎靡不振

的病状。在困难面前，探险队员们表现得非常坚定沉着，他们不知疲倦地在冰上开辟道路，顺利到达了分别设在海拔7000米和7200米的第六营地和第七营地。

5月26日早晨，第一支顶峰突击队开始出发攀登顶峰。查理斯·埃文和汤姆·鲍迪伦作为第一小组率先出发，他们在越来越险的道路上奋力攀登。在山口极目远望的人们，看到远处有两个身影正在努力向顶峰攀登，营地上立即沸腾起来，大家都期望他们能一举成功。

成功登上南高峰

中午过后，埃文他们登上了海拔8700米左右的南高峰，在此以前从未有人到达过这样的高度。向上仰望，通向顶峰的道路像一条狭窄的刀锋般的脊梁，它的一边是一个滑向几千米深冰河的陡坡。另一边则是一条冰柱悬挂的峭壁。他俩都渴望继续沿着先下后上向顶峰的脊岭前进。那多少年来，人们可望而不可即的顶峰，离他们仅仅100多米。

在这令人振奋的时刻，埃文和鲍迪伦显得非常镇静，他们计算一下往

返大约需要5小时的时间。真遗憾，时间已经太晚，此外，他们所带的氧气即将耗尽，经过一天的攀登，人也筋疲力尽。他俩只好踏上归途。可是这时，他俩的脚似乎都有些不听使唤。忽然，埃文脚下一滑摔倒了，强大的惯性使他直往下滑，鲍迪伦急忙拉紧系绳，但他不仅没有拉住埃文，自己反倒被拉了下去。

　　两人一前一后急速地往下滑去，离深不见底的深川仅有几米远了!危急时刻，鲍迪伦奋臂挥斧卡住冰坡，下滑的速度渐渐慢下来，埃文和鲍迪伦才死里逃生。此后，他俩更加谨慎小心，但仍摔倒过好几次。回到营地，埃文他们的脸上沾满冰霜，像是从其他星球上来的天外来客。稍事休息后，埃文他们便把自己所经历的一切告诉给第二个顶峰突击队的希拉里和坦辛。希拉里和坦辛都深知自己的责任重大，但他们满怀必胜的信心。

　　珠峰的气候变幻无常，当夜气温骤降，希拉里和坦辛开始向珠穆朗玛峰顶峰挺进。爬到陡坡的半腰时，他们发现时间已耗时过多，所幸的是支援队及时为他们送来了足够的氧气。于是，他俩用几个小时的时间在海拔8500米处的一块陡峭的岩壁旁搭起帐篷，准备在此过夜。吃过晚饭，他俩爬进各自的鸭绒睡袋，商量着明天的计划，慢慢进入了梦乡。

攀登珠穆
朗玛峰的
勇士

继续前行

一觉醒来，已是黎明时分。他们俩背上沉重的储氧器，一起向南高峰进发。在积雪深厚的山坡上，他俩一前一后艰难地攀登着。他俩爬上了那个刀刃般的狭脊，埃文和鲍迪伦曾从这里死里逃生。那条狭脊上积雪的陡坡，一直通向南高峰。

希拉里在前开路，他用破冰斧凿出一个又一个台阶，他们就这样一步一步地爬着，终于爬上了这个巨大的雪坡。他俩都感到疲惫不堪，但谁也不愿意停止前进的步伐，哪怕是一寸一寸地向前挪动，也要攀上顶峰。经过几个小时的顽强拼搏，希拉里和坦辛登上了南高峰，看到了通向峰顶的最后一个脊岭。他们深知能否翻越这条威严可怕的脊岭，是这次攀登计划能否实现的关键。他俩十分仔细地观察了周围的地形，发现只有在两边峭壁夹峙的积雪斜坡上开辟一条能立足的小道，他们才能够前进一段路。希拉里继续在前开路，坦辛紧跟在后面。

一个小时后，一块有12米多高的巨大岩石挡住他们的去路。它的左面光滑得像一面镜子，右面只有一条夹在岩石和峭壁间的狭长裂缝，只能容纳一个人勉强挤进去。要攀上悬崖的唯一办法，是用背部和肩膀紧紧贴住裂缝的一边，把脚顶住另一边，借助身体各部的力量把自己推上去。希拉里用这种办法先爬上了石壁，接着，坦辛用同样的办法攀登了上来。

成功到达顶峰

眼看离峰顶越来越近，希拉里和坦辛顾不得劳累，继续在斜坡上一边开路，一边前进，恨不得一步跨上顶峰。不知不觉又过了一个多小时，攀登似乎还没有尽头，他们都不免有些焦急起来。

就在这时，走在前面的希拉里突然发现前面的脊岭不再继续上升，而忽然下降了。他抬头望去，啊，在他们的上面，除了缭绕的云雾之外，再也没有其他任何东西。他们兴奋地向上爬了几步，高傲冷酷的"女神"终于第一次被勇敢无畏的探险者踩在脚下。这时是1953年5月29日。

此时此刻，希拉里和坦辛感到万分高兴，他们互相握手、拥抱，然后坦辛打开了联合国、英国、印度和尼泊尔的国旗，希拉里拍下了这难忘而又珍贵的镜头。

希拉里和坦辛从南坡攀登上世界最高峰的消息，迅速传遍世界各地，它标志着人类在探索地球奥秘的道路上又迈出了可喜的一大步。

| # 探险
大军的覆灭

发现亚历山大湾

　　阿姆河是中亚最长的河流，传说里面布满了金砂矿。1715年春天，俄国沙皇彼得一世任命公爵亚历山大·切尔卡斯基为探险队长，去远征中亚的阿姆河。

　　在一个明媚的早晨，切尔卡斯基率领着1500人的探险大军上路了。他们从里海西北岸伏尔加河河口登船启程，沿着里海海岸一直航行到它的东北角，在那里，切尔卡斯基发现了一个海湾，那里碧波粼粼、风平浪静。后来，人们把这个海湾称作"亚历山大湾"。

　　离开亚历山大湾后，探险队向南行驶了一段时间，到达了位于里海中部的巴尔干斯克湾。那里居住着许多土库曼人，他们告诉切尔卡斯基，说"阿姆河"就是"大河"的意思，这是因为它水流湍急，河床变化无常。

由于语言不通，切尔卡斯基误解了土库曼人的话，以为阿姆河已改道流入里海。其实，阿姆河并不流往里海，它最终是注入咸海，但探险队对此并不知情，切尔卡斯基还派出一些队员前去做调查。

派出去的人没过几天就回来了，他们其实并没有什么新的发现，却一

探险名片

探险地：阿姆河

探险者：俄国人

时间：1715年

事件：探险队全军覆没

口咬定阿姆河已改道。切尔卡斯基听了坚信不疑，便率领探险队浩浩荡荡打道回府，把这一情况向沙皇彼得一世做了汇报。

为了找到阿姆河，彼得一世决定不惜一切代价。一个月后，他下令让切尔卡斯基再组建一支更加庞大的探险队，对中亚进行第二次大探险。

对中亚的第二次大探险

这年的9月15日，6000余人的探险队伍在切尔卡斯基的带领下，聚集在伏尔加河河口。这天的一大早，只听一声炮鸣，100多艘大船载着他们出发了。同第一次的路线一样，他们又来到巴尔干斯克湾，然后从那里弃船徒步朝东南方向行进，走着走着，发现河床越来越干涸，切尔卡斯基兴奋极了，以为这就是改道前的阿姆河。谁知队伍走到最后，河床的痕迹越来越模糊，后来竟渐渐消失了。

切尔卡斯基这时才隐隐感到可能走错了，于是他连续派了3名使者去朝见位于里海和咸海之间的希瓦国国王，请求他能给自己一些帮助，但派出去的使者一去不回。不得已，切尔卡斯基只得改变方案，沿海岸线率部

下折过头开始北上。

此时已是他们离开家乡的第二年7月了，可还没找到阿姆河的影子。盛夏骄阳似火，把人烤得汗流浃背，探险队员都接二连三地倒下了，切尔卡斯基更是心急如焚，心里只能默默地祈祷奇迹的出现。

又一个月过去了，探险队来到了希瓦国境内的绿洲上。这些绿洲正是由阿姆河河水灌溉的，切尔卡斯基惊喜若狂，队员们也精神大振，队伍不由自主加快了行进的速度。

探险大军全军覆灭

就在离希瓦国不远的地方，前方忽然尘土飞扬，一支军队杀了过来。切尔卡斯基定睛细看，原来那是希瓦国的军队，这时他不禁恍然大悟：怪不得派出去的使者没了音讯，看来他们是不想让探险队进入他们的国家。

想到这儿，他一挥手拔出佩刀，率领着队员们迎了上去。探险队憋着一肚子火，正找不到地方出气，遇到眼前的情景，他们呐喊着冲上前去，以一抵三，大开杀戒，没多大一会儿，就把对方杀得落花流水。

希瓦国国王见势不妙，急忙派使者转告切尔卡斯基，表示愿意与探险大军谈判，最后答应探险队进城。谁知就在进城的第一个晚上，阴险的希瓦国国王突然对毫无防备的探险队员

发动了袭击。这支探险大军就这样全军覆灭，切尔卡斯基也未能幸免。虽然切尔卡斯基两次探险都没有成功，但是他的精神始终鼓舞着后人，俄国沙皇把他称为"最勇敢的探险者"。

| # 冰海
绝地求生路

探险队一路前行

　　1914年8月8日，当皇家南极探险队驶离英格兰的普利茅斯港，恰逢第一次世界大战爆发。沙克尔顿的船是一艘三桅木船，它特别适于经受冰的撞击，船名叫"北极星"，这是由挪威最有名的造船厂建造的，造船所用的木料是栎木、枞木以及绿心奥寇梯木，都是十分坚实的木头，需用特殊工具才能加工。沙克尔顿将船重新命名为"坚忍"号。

　　"坚忍"号一路向南驶去，探险队最后的停泊港是南乔治亚岛，这是

不列颠帝国在亚南极区的一个荒凉前哨，只有少量的挪威人住在那儿。离开南乔治亚岛后，"坚忍"号扬帆驶向威德尔海，这是毗邻南极洲的有大量流冰群出没的危险海域。在6个多星期里，"坚忍"号一直沿着漂着冰群的海路航行。

探险船只被冻结海中

1915年1月18日，探险队距最后目的地还剩大约160千米的路程时大片流冰群包围了船，急剧下降的温度使海水结冰，结果将船周围的冰块冻结成一体，"坚忍"号被卡住了。一些船员是来自皇家海军的职业水手；另

探险名片

探险地：南极洲
探险者：英国皇家探险队
时间：1914～1915年
事件：从南极死里逃生

在冰海中
航行的探
险队员

一些是粗犷的拖网渔民，他们曾在北大西洋的酷寒中工作过；还有一些是刚从剑桥大学毕业的学生，他们是作为科学家参加探险的。对沙克尔顿来说，失望得更是到了悲伤的程度。他已年届四十，筹划此次远征耗去了他的大量精力，欧洲正忙于一场大战，往后很难再有这样的探险机会了。沙克尔顿下令在冰上扎营。冰海上的营盘成了大伙的新家，食物从半沉没的"坚忍"号上打捞了上来。南半球正值夏季，气温攀升到了1摄氏度，半融化的松软积雪使行走变得十分困难，大家的衣服总是湿乎乎的，然而每晚气温骤降，又把湿透的帐篷和衣服冻得硬邦邦的。主食是企鹅加海豹，海豹脂肪成了唯一燃料。

暂时的避风港湾

至4月份，营盘下面的冰开裂了，沙克尔顿命令3艘救生船下水。28个人带着基本口粮和露营设备挤上了小船。气温降至零下10摄氏度海浪倾泻在毫无遮掩的小船上，他们连防水服装也没有。夜以继日，时而穿过漂着流冰群的危险海域，时而穿过大洋上的惊涛骇浪，每艘船的舵手都奋力控制着航向，其余的人则拼命舀出船中的水。船太小，难以在劲风中保持航向，在几次改变方向后，沙克尔顿下令朝正北方挺进，背靠大风驶向一块小小的陆地——大象岛。直至4月15日，救生船终于在大象岛陡峭的悬崖

下起伏颠簸，接着就开始了登陆。可是他们很快就发现，在这个被上帝遗弃的、风雪横扫的荒岛上根本无法生存。

"凯尔德"号出发寻找救援

　　沙克尔顿带上最大的救生船"凯尔德"号，以及几名精干船员，驶过南大西洋上最危险的海路，前往南佐治亚岛上的捕鲸站去求救。从出发后的第二天起，"凯尔德"号便陷入了困境。在连续17天航行中，有10天碰上8～10级的大风。但是"凯尔德"号依然固执地、机械地穿过一切狂风激浪，他们坚持做饭，坚持将舱里的积水舀出去，坚持扬帆落帆，并始终把握着方向。

　　至5月10日夜晚，沙克尔顿率领着他的小分队用尽最后的力气，终于使"凯尔德"号冲上了南乔治亚岛满是沙砾的海滩。如果走海路，最近的捕鲸

站也大约240多千米远，这对于破烂不堪的船只和筋疲力尽的船员来说，实在是太遥远了。于是沙克尔顿决定，由他率领两名队员径直穿过南乔治亚岛的内陆前往斯特姆尼斯湾的捕鲸站。他们翻过横卧在面前的陡峻山岩，滑下又长又陡的雪坡。清晨6时30分，沙克尔顿觉得他听见了汽笛声。

　　在7时整，他们果然听见汽笛声。此时此刻，他们才确信自己成功了。这些挪威捕鲸人完全被吓呆了，他们热情地接待了这几个落难者。1916年的8月30日，智利政府为帮助沙克尔顿，便将一艘小型钢壳拖船拨给他使用。在经历了近20个月的流浪与磨难后，沙克尔顿竟没有丢掉一个人，真是奇迹！

Xun Zhao
"Huang Jin
Sui Dao"

寻找 "黄金隧道"

通往黄金国的"黄金隧道"

据古代传说，在南美洲的地下，有一条长达数千千米的"黄金隧道"。沿着这条隧道向前迈进，就可以到达"黄金国"。

"黄金国"里埋藏着大量的黄金，国王和贵族所戴的帽子和衣服上，都装饰着黄金，许多宏大的公共建筑物用巨大的金块砌成拱门，装饰着精美的浮雕，显得极为豪华，甚至连国王的马鞍、拴马桩、狗项圈，也都是用大块的黄金做的。

"黄金国"究竟在哪里？众说纷纭，有的说它在迤逦的安第斯山中，四周山岭绵延、层峦叠嶂，全国臣民把太阳当作最早神灵而顶礼膜拜，每当旭日初升，晨曦普照；或在夕阳西下，红霞染映，"黄金国"显得分外妖娆。

也有人说，"黄金国"是在海拔2700米由死火山口形成的哥亚达比达湖畔，每年定期举行祭祀"黄金神"的仪式，国王与贵族把许多黄金饰物作为供奉神灵的礼物而投入湖中，宗教的狂热

使他们如痴如醉，有时抬着马投入湖中，作为敬献给神灵的活祭品。

有人说，"黄金国"在一个名字叫巴里马的"黄金湖"畔；有的却认为，"黄金国"隐藏在里里诺斯河与亚马孙河之间的某一地区……

关于"黄金隧道"与"黄金国"的传说还有许许多多在民间广泛流传，越传越神奇，但谁也无法准确地说出它的具体地点和真实情况。

从15世纪以来，由于西欧各国商品货币经济的发展和资本主义关系的萌芽，金属货币成了普遍的支付手段，这就引起欧洲的商人和封建主对于黄金的强烈渴求。

关于南美洲有"黄金隧道"和"黄金国"的传说在欧洲广泛传播后，西欧社会上自国王、僧侣、大贵

族，下至中小贵族，尤其是商人和海盗，都渴望到南美洲寻找"黄金隧道"与"黄金国"，于是掀起了一股"黄金热"的狂潮。

黄金探险队

1536年，西班牙总督授命凯萨率领一支由900多人组成的探险队，在南美洲的西北部进行考察达3年多之久，他们曾经深入到科迪勒拉山脉和马格达雷那河一带的深山密林中探索黄金，结果只剩下凯萨一人返回，没有发现"黄金隧道"与"黄金国"的一丝一毫踪迹。

27年后，他又重新组织一支2800多人的庞大探险队，在荒山野岭度过了3年多，最后仍然一无所获。

1539年，西班牙探险家率领一支庞大的探险队在南美洲北端进行考察，他们曾经深入到梅里达山脉和马拉开波湖区周围的沼泽地，他们宣称他们所到达的"马卡多亚"就是传说中的"黄金国"。

可是，事实的真相是："马卡多亚"只是一个古老部族的聚居地，根本不是"黄金国"。

但在16～18世纪时，欧洲一些人却对洛津《圭亚那帝国的发现》一书

探险名片

探险地：南美洲黄金国
探险者：西班牙人
时间：16世纪
事件：寻找黄金国

中所描写的"黄金国"深信不疑。

绘制于1599年的"黄金圭亚那的新地图"上，竟然画着巴里马"黄金湖"，在湖畔标明了"马洛亚帝都"。

后来，甚至把巴里马湖标在赤道上，西面是"黄金国"及其帝都马洛亚，而把圭亚那却画在北面。

再后来，把巴里马湖错写成"黄金的海"。从当时绘制地图上所表现出来的前后矛盾、混乱和荒唐的情况，可见当时人们根本弄不清"黄金隧道"与"黄金国"究竟在哪里。

寻找黄金

直至现代，还有很多人依然在兴致勃勃地寻找"黄金隧道"与"黄金国"。

在西班牙政府的大力支

持和资助下，西班牙探险家曾率领大批民工，由色布卢贝特负责指挥，凿通了巴里马湖，排出了约5米多深的水，在湖底污泥中找到了一些有卵石大的绿宝石和黄金制成的精美工艺品。

1912年，戈德拿泰兹公司花费了15万美元的巨额经费，雇用大批民工，运用新式排水机器，把位于海拔2700米高原的哥亚达比达湖吸干了，从湖底污泥里捞出了一些黄金以及用黄金制成的工艺品和贵族的酬神金俑。1969年，有两个农场工人无意中在一个小山洞里发现了几件纯金的制品：金木筏一件、小金人像一件、金王座一件。这些偶然发现，更加激起了许多人寻找"黄金隧道"与"黄金国"的浓厚兴趣。

他们认为，这些偶然发现为进一步探寻"黄金隧道"与"黄金国"之谜提供了重要线索和依据。从1976年以来，考古学家在南美洲曾发现许多重要的远古文化遗址和文物，对今后深入揭开"黄金隧道"与"黄金国"之谜很有参考价值。

Ya Ma Sun
Yuan Shi
Piao Liu | # 亚马孙
原始漂流

人类首次漂流亚马孙河

亚马孙河蜿蜒于南美洲的原始森林中，沿途有100多条支流，是世界上最长最大的河流之一。由于亚马孙河流域对外交通困难，人烟稀少，因此充满神秘和传奇色彩，成为各国探险家心驰神往的地方。

曾经有许多探险家乘皮划艇、独木舟或木筏漂流过亚马孙河，但他们都选择河的中下游段，对于海拔5000米以上的安第斯山顶的河段，则大都心有余悸，退避三舍。

1985年，一支远道而来的漂流队伍决意要完成人类的首次漂流亚马孙河全程的壮举。

这次漂流是由本部设在美国怀俄明州的安第斯皮艇探险公司发起的。参加远征的队员有9人，分别来自波兰、南非、英国和美国。队长波特是波兰人，32岁，有着一双野狼般的蓝眼睛，肌肉发达，性格坚强，对白浪翻滚的汹涌激流有超乎寻常的适应能力，曾创造过多次辉煌的漂流纪录。1981年，他参加了世界最深峡谷漂流活动，被载入《吉尼斯世界纪录大全》。

漂流队出发

1985年8月29日，漂流队乘坐平板卡车颠簸着爬上秘鲁南部的安第斯山脉。公路延伸到海拔4500米处便消失了，目之所及是一片光秃秃的山岭。山

探险名片

探险地：亚马孙河
探险者：美国人
时间：20世纪
事件：漂流亚马孙河成功

亚马孙河
中勇敢的
漂流者

上氧气的含量只有地面的一半，人人感到头部阵阵疼痛，强烈的阳光辐射又刺激着他们的眼球。下车以后，他们每人身背一艘皮艇及生活必需品，蹒跚着去寻找那隐藏在山地里的亚马孙河发源地。他们开始向大陆分水岭攀登。天空晦暗，强风夹着雪呼啸不停，无论他们的腰弯得多么低，风依然毫不留情地吹来，裸露着的脸都已被风吹得麻木了。

"左脚，右脚，一步，二步，三步……"当他们数到第731步时，终于到达了最高分水岭。波特在海拔5200米的奇尔卡雪山山脊上划了一道线，用木棍在一边写上"太平洋"，另一边写上"大西洋"，并立即标示在地图上。他喘着气说："现在我们跨越分界线!"

脚下淡蓝色的冰川在闪闪发光，这就是亚马孙河的发源地，也即亚马孙上游阿普里马克河的源头。

阿普里马克河是一条年轻而狂野的高山河流，长约960千米，奔泻于两条山脉之间的狭长高原上。由于河谷深切，河床高低起伏非常大，布满了无数的急流险滩。这时，雇佣的向导临阵脱逃了，但波特仍带着队员们默默地离开营地出发，一艘艘单人皮划艇沿冰川脚下的潺潺细流漂流下去，前途吉凶未卜。

进入阿库巴马巴深渊

第二天中午，他们进入阿库巴马巴深渊，河面仅宽6米，河水汹涌地奔腾着。他们遇到一连4个瀑布的急流，发出雷鸣般的轰响，每处瀑布落差约200米，一片白色泡沫。

在第一个急流处，他们在百米以外就发现前方的河面突然断裂，只见巨大的峭壁耸立其上。眼前已经没有退路，他们个个提心吊胆却毅然前进，缓缓地滑向瀑布。

突然，湍急的河流把他们高高托起，向空中抛去，然后泻入河水中，撞在礁石上，波特和几个队员的头都被撞破了。

"前进！前进！前进！"波特高声呼叫着，双臂奋力划桨。

经过第三个急流时，人人都全身湿透。他们跌跌撞撞来到最后一个急流，皮艇从左侧峭壁弹起，冲撞到山岩上，一个360度弯折，再撞到右面的陡坡上，然后径直漂向水流中央的黑色漩涡。皮艇几经挣扎，才从漩涡中摆脱出来。

经过这一番全力拼搏，他们总算划到了岸边，可以稍稍歇一口气。于

是他们就停在峡谷里煮饭宿营。由于漂流速度被迫放慢，波特不得不把本来就严格限制的食物再减少一半，锅里唯一不加限制添加的就是水。

漂流队员喝完稀薄的粥，然后在花岗岩的山坡上铺开睡袋，挤作一团躺了下来。

漂流队员死里逃生

队员们在深渊里行进到第五天，一位名叫乔·凯恩的美国小伙子在一个更长、更恶劣的急流中突然两眼发黑，被甩出了划艇。河水的回旋力犹如钳子把他死死卡住，令他一时无法动弹。

突然间，河水松开了钳制，使他见到了亮光，于是赶快蹬腿、挥臂。河水又一次把他淹没……当他第三次陷入水中时，肺里呛进了水，可他拼命向上蹬，在同伴的身旁露出了水面，艰难地爬上划艇，死里逃生。

经过两个月的搏斗，漂流队终于与阿普里马克河挥手告别。他们从高原渐渐下降到平原地带，开始进入乌卡亚利河的热带丛林区。这里是世界上有名的多雨地带，木头不能烧，汗湿衣服不会干，伤口不会愈合，

空气中始终弥漫着一股腐烂的
恶臭之气。这里到处有讨厌的
蜘蛛、螳螂、黄蜂、蚂蚁、扁
虱和蚊子，它们对这些不速之
客群起而攻之，啃噬肌肤，吮
吸鲜血。原先的高原地带尽管
有寒冷、高山病和急流险滩，
但他们每克服一个困难便前进
一步。可在这沉闷湿润的丛林
里，漂流队员变得懒散、情绪
恶劣。由于极度的疲惫和恐
惧，以及签证困难等原因，9名
队员只剩下4名了。

　　这时，乌卡亚利河正处于
洪水季节，汹涌的河水泛出两
岸，淹没森林，卷走村庄，不
断改变水道，这时最容易迷失
方向。漂流队必须在洪水泛滥
之前漂完该河。

　　队长波特向剩下的3名队员
宣布他的应急方案：每天驾舟
12小时，每小时划舟55分钟，
每分钟划桨50次。以这样的巨
大付出，在13天后，凯恩终于
吃不消了，他的腕关节腱鞘发
炎，又患上重感冒，并引发肠
胃病。他没法拿起食物，疲乏
得甚至无法入睡。

　　热浪和湿气令人沮丧，在
太阳无情的照射下，他眼前金
星直冒。波特竭尽全力帮助凯
恩在最困难的时候继续前进，
他一边煮饭，一边叮嘱凯恩吃
下治疟疾的药。

艰难的旅程

　　有一回凯恩晕过去了，苏醒时发现波特正拖着他的皮艇前进。当队员们在又热又湿的丛林里变得发狂而互相责备时，波特坚持自己的原则：可以凶狠地争吵，但一切行动必须遵守规矩。每天他第一个起身，第一个整好行装，第一个从岸上跃上划艇。可深夜里，他的烛光始终亮着，当队员们已经熟睡，他还在研究地图和路线。其他队员身上穿的都是破布烂片，而波特的长衬衣和划船短裤永远干净利落。

　　12月24日圣诞夜，他们穿过哥伦比亚南部到达巴西边境的一个小镇。5个月来，他们第一次洗上热水澡，饱食一顿可口的晚餐。

　　进入亚马孙河干流后，河床变得越来越宽，有的地方宽达数千米，他们那两头尖而细长的皮艇，在浩荡的波涛上，就像几片树叶在漂泊。有一次暴风雨袭来，铜钱般大的雨点打在队员们的脸上，就像被成群的马蜂蜇了一样。

　　波浪一个接一个涌来，他们的小艇随波逐浪颠簸着。每当浪头一过，他们立即直起身子猛力划桨，一下又一下，拼命朝岸边划去。一个小时后，他们终于脱离了险境，风浪也很快平息了下来。

漂流成功

　　一天又一天，离河口越来越近，已经能见到海鸟飞来飞去。在亚马孙除了河口，大量的河水从马腊若岛北面流入大海，他们利用落潮的潮水向南面的马腊若湾划行。此时，两岸陆地逐渐向后消失，河口处的河面竟达25千米。空中弥漫着浓雾，海湾的波浪变得柔顺缓慢，轻轻摇晃着他们的小舟。一桨又一桨，混浊的河水也变得青绿透明起来。波特弯腰用手舀水品尝，"咸水！"他喊道。他们终于进入了大海，队员们个个高举划桨欢呼起来……

　　这一天是1986年2月19日，也是他们从安第斯雪山漂流而下的第一百七十四天。

飘越
大西洋的气球

有色人种挑战白种人

1978年，两个美国人驾驶一个热气球，用了6天时间飘越大西洋，这个消息成了当时最轰动的新闻之一。为此，美国的几家报纸大肆宣扬白种人是如何如何优越。

这一下深深刺激了刚从斯坦福大学毕业的塔特尔，他来自马里共和国，这个国家的人是有色人种，他不相信白人能做的事自己就做不来，于是他找到自己大学的两个同学，决定也去做一次飘越大西洋的气球探险。

经过一番准备，塔特尔和同学合伙买了一只精美牢固的大气球，并将它取

探险名片

探险地：大西洋上空

探险者：塔特尔（马里共和国）

时间：20世纪

事件：飘越大西洋

名为"雅典娜"号，里面装上了250千克的铅块、30袋沙包和大量的食物。1989年8月3日，他们乘上气球，从马萨诸塞州起飞。于是，一场有色人种挑战白种人的探险飞行开始了。

3天后，"雅典娜"号来到距加拿大纽芬兰的圣约翰斯市约960千米的地方，由于吊舱是敞开无顶的，所以3人感到寒风刺骨。当天晚上，塔特尔收到从气象台发来的信息，说在他们的前方正有一个风暴气旋，如果气球仍停留在4000米的空中，就有被气旋刮走的危险。

怎么办，难道返回美国？塔特尔沉思片刻，一咬牙，嘴里迸出一句："别想那么多，把气球升高，穿过风暴气旋!"

"雅典娜"号很快上升至了6000米的高度，终于避过了可怕的气旋。但是，气温却

飘行在海
洋上空的
热气球

从零下4摄氏度一下降到了零下26摄氏度，塔特尔他们冻得直哆嗦，只好一边吃东西，一边不停地跳迪斯科，因为只有这样，才不至于被冻僵。

"雅典娜"号遇到寒流

又是两天过去了，塔特尔已打破了一项由白种人创造的连续飘行107小时的记录，而此时，他已来到离爱尔兰海岸不远的地方。就在"雅典娜"号刚钻进一片密云的时候，一股寒流突然从海面上蹿向它，气囊里的氦气顿时发生了冷缩现象，几秒钟后，气球开始急剧下降，竟从6000多米一下降至1200米，在这个高度停留了一会儿，又往下降去。

塔特尔见势不妙，急忙大喊一声："快！快把铅块抛出去！"他的两个同伴如

梦初醒，赶紧抓起铅块向下抛去。虽然气球下降的速度减慢了许多，但却无法让它停止，眼看就要落入海里。就在这千钧一发的时候，只听塔特尔又一声大喊："还有沙包!"

3人手忙脚乱忙了好一阵，将铅块和沙包扔了个精光，这时，气球才总算稳住，在800米的高度向东飘去。两个小时后，"雅典娜"号的气囊在阳光的照耀下获得了足够的热力，终于上升至较为安全的高度。塔特尔这才把一颗悬着的心放了下来。

为有色人种争气

第二天下午，"雅典娜"号进入了法国。一路上，塔特尔看到到处都是手持望远镜观望气球的人们，这场面让他着实激动了一阵。当"雅典娜"号经过杜维赛马场时，塔特尔知道终点快到了，于是，他便和同伴把气球里的杂物一一抛掉，让气球缓缓落在一片麦田里。

3人携手走出气球，惊奇地发现拥来的人群大多数都是黑人、印第安人及一些有色人种，他们随即就明白，是自己的这次成功探险让这些有色人种感到扬眉吐气，他们是来分享快乐的。塔特尔被人紧紧拥抱住的时候，他再也忍不住了，任凭激动的泪水一个劲儿地流。

"Nu Li" Hao
De
Ao Zhou Xing

"努力"号
的澳洲行

神秘的南方大陆

1769年10月的某一天，南太平洋一望无际的海面上，一艘白色大帆船多少显得有点孤单。

这艘船有个好听的名字，叫作"努力"号。此时，甲板上一片忙碌。水手们在统一指挥下，紧张地收帆、张帆。虽然工作紧张劳累，但他们却仍像是一群快乐的大男孩，眉毛向上扬起，满脸的汗珠在阳光底下就像是晶莹的水晶闪闪发亮，甲板上到处洋溢着欢快的歌声。

此时此刻，在舰桥的指挥舱里，一个身材高大、体格健壮的男子笔直地站着，他留着长发，头戴一顶墨绿色的三角军帽，一身笔挺的海军服，显得沉稳威严，又不失机智老练。水手们的欢快气氛似乎并没有感染到

探险名片

······························

探险地：南太平洋

探险者：詹姆斯·库克（英国）

时间：1769年

事件：发现澳洲

他，他眉头紧锁，嘴里不住地喃喃自语。他就是船长——詹姆斯·库克。

从他的眼神里可以看出他是多么自信和冷静，但也微微露出一丝焦虑。一年多以前，他接受英国海军部的派遣，率领一支考察队前往南太平洋海域观测"金星凌日"这一罕见天象，顺便对南太平洋地区做一次探险和考察。因为当时的科学家们相信，在南太平洋的某个地方，一定存在着一块神秘的南方大陆。他们迫切希望通过库克船长的此次远航，揭开这片南方大陆的神秘面纱。在众人企盼的目光中，库克船长率领这支考察队踏上了征程。在他的心里，又何尝不想发现这块梦寐以求的大陆，为自己近20年的航海生涯增光添彩呢？

就在前方

自从进入南太平洋海域以来，探险队途经风光秀丽、物产丰富的塔希提小岛。这以后，他们在海上整整航行了两个月，一点陆地的影子也没有发现。难道南方大地不存在吗？还是因为航线发生了偏差？水手们也很着急，每天一大早起床后的第一件事就是跑到甲板上眺望远方，可结果却还是只看见周围的汪洋一片。失望、疑惑、不满开始在船员中蔓延。

库克船长虽然也有点焦虑不安，却依然坚信陆地肯定就在不远的前方。他默默在心中祈祷，嘴里不住念叨着一句话："是的，就在前方。"

突然，桅杆顶端的瞭望台传来惊呼："老天啊，快看，陆地，前边是陆地。"水手们立刻骚动起来，争先恐后地挤到甲板上，使劲向远处找寻那片期待已久的陆地。听到喊声以后，库克船长深吸一口气，稳了稳神，老练地用自己心爱的单筒望远镜朝远方看去。果然，镜头里出现了一条绵延不绝的海岸线，那里浓雾缭绕，有着大片的森林。帆船好像也知道了这个好消息，箭一般向那片海岸驶去。水手们个个兴奋地涨红了脸。差不多所有的人都认定，终于找到了那块神秘的大陆，一年来的努力没有白费。他们愉快地憧憬着岸上的情景：丰富的物产，好客的居民……

人骨海滩

库克船长一直紧锁的眉头稍微放松了一点，他拿着望远镜的手忍不住微微颤抖。经过仔细观察，他最后得出结论：这里恐怕只是一个巨大的海岛，真正的南方大陆还没有出现。

果然不出所料，水手们上岸之后，发现库克船长的判断并没有错。

这块地方就是现在新西兰的北岛。当地的土著居民毛利人似乎并不欢迎他们，双方发生了小小的冲突，水手们在岛上也没有找到他们想要的东西。于是，库克船长决定离开这个岛，沿着海岸向南航行，然后调转船头向北驶去。11月9日，考察队停船下锚，随队而来的科学家开始观测金星凌日现象。11月底，"努力"号绕过了新西兰的最北端，开始沿西海岸航行。

和苍翠的东海岸不同，西海岸显得干燥贫瘠，异常荒凉。第二年1月14日，"努力"号驶入一个小海湾，在那里修船。同时，库克船长派出几支小分队上岸考察。队员惊讶地发现，海滩上布满人的尸骨。当地的毛利人似乎很友好，他们告诉水手，这些都是他们把敌人吃掉后残留的部分。大多数船员吓得目瞪口呆，有一位科学家却似乎对此很感兴趣。他甚至还买了一颗头颅，准备带回英国呢！

这时的库克相信，新西兰只是一个孤立的岛屿，并没有和大陆相连。当地的居民还告诉他，新西兰是由南北两个岛屿组成的，中间有一条狭长的海峡。库克率船穿越了整个的海峡，至今那里还叫库克海峡，并在南北两个岛都进行了环岛航行。不久以后，库克开始计划返回英国。为了继续南太平洋的考察活动，他选择了继续向西航行而不是向东原路返回的航线。3月31日，库克船长的"努力"号船头直指日落的方向，在一片金色的余晖中朝澳大利亚东海岸驶去。

行驶在茫茫
太平洋上的
探险船只

驶进植物学湾

在库克船长之前，已有一些欧洲的探险家短暂探访过澳大利亚的西海岸，而人们对当时被叫作"新荷兰"的东海岸还基本处于未知状态。4月29日，"努力"号在东海岸靠近今天悉尼的一个海湾下锚停泊。一支小分队被派到岸上寻找淡水。队员们惊奇地发现了一些手持长矛、赤身裸体、身上涂满油彩条纹的土著人。

另一些人坐着原始的独木舟，在海上捕鱼。随后队员们勘查了海湾周围的大片地区，见到的地形可谓是五花八门，其中有像草原般广阔的大块沙地，有大片沼泽和森林，还有肥沃的草原。在这里，队员们发现了无数叫不出名字的新植物。面对这些发现，大伙儿兴奋得要命，争着要给这个海湾起名字。最初，库克把它叫作"虹鱼湾"，因为那里有大群的海鱼。如今，它被叫作"植物学湾"。一周之后，"努力"号驶离了植物学湾，沿着海岸继续向北航行。船员们隐隐约约地看到陆地上升起一缕缕的狼烟，这是土著人看到近海出现奇怪船只时所发出的警报。

"棉絮补漏法"和大袋鼠

在6月初一个月色迷人的晚上，"努力"号驶向大堡礁。大堡礁位于澳大利亚东海岸北部，绵延达2012千米，由大量参差不齐的珊瑚礁构成。对航海家们来说，大堡礁和海岸之间那条狭窄的海上通道意味着一场噩梦：锋利的暗礁、汹涌的潮水和伸出水面的珊瑚足可以毁掉任何一艘船。这次航行中最为惊心动魄的一幕开始了。

"努力"号刚刚进入海峡不久，环礁的威胁就向它步步逼近。一开始，一切都显得那么的平静。但没过多久，"努力"号就撞上一座隐蔽的环礁，被卡得死死的，船体一侧被撞出一个巨大的口子，海水迅速涌进船舱。

为了把船从环礁上挪开，水手们把无关紧要的物品全部抛入海中。几个水手奋力跳入进水的舱

中，用抽水机不停地排水。在这令人绝望的时刻，库克船长和水手们都表现出无畏的英雄气概。尽管他们都知道，"努力"号上仅有的几只救生艇装不下所有人，但他们一点也不觉得害怕。水手们就这样一直坚持着。等到潮水涨上来以后，船终于借助浮力脱离了那块环礁。但这时船舱里的水还没抽完，更多的海水从洞口涌了进来，"努力"号正在缓缓下沉。想起在环礁周围航行时看到的大群鲨鱼，大多数人都不禁打了个寒战。

　　就在这千钧一发之际，一名水手急中生智想出了用棉絮来填补漏洞的方法。这是一种几乎被遗忘的原始方法，但万幸的是，它非常管用。每个人都松了一口气。库克怀着感激的心情在航海日记中写道："现在漏洞变小了。"

　　"努力"号摇摇晃晃地驶入附近的一个海湾，在那里下锚停泊，船员们花了7周的时间才把船修好。与此同时，每个人都尽情享受着周围的新奇事物。一天，有个水手上岸打猎，突然看见一只从未见过的"大兔子"，它用双腿同时向前跳跃，速度之快，步幅之大，令人难以置信。他信誓旦旦地对船员们说，这只兔子的个头有人那么大，结果却被嘲笑一番。但没过多久，其他人回来说也看到了这种奇怪的动物。当地人告诉他们，这是一种叫作袋鼠的动物。

来之不易的海岸图

8月初，"努力"号再度扬帆启程。水手们纷纷猜想，经历了大堡礁的那场灾难之后，库克有可能绕过大堡礁，在外围沿海岸继续沿着海岸航行。但库克一心希望能够绘制出一张详细的海岸图，因此，他必须尽量靠近环礁。

这以后的几个星期让人紧张得透不过气来，所有人都面临着一场严峻的考验，然而，船员们都从心底深深佩服和信赖船长的高超技艺和坚定信念。"努力"号有几次差点又遇到了危险，但都幸运地化险为夷。

8月底，"努力"号绕过了约克角，将澳大利亚东海岸和大堡礁远远地抛在了身后。库克船长花费了大量时间，终于绘制完了海岸图。1771年7月12日，"努力"号返回英国，这离他们出发已过去整整3年了。库克船长和船员们受到了英雄般的迎接，"库克船长"这个名字也因澳大利亚和新西兰的发现而永远载入史册。

Sheng Lao Lun Si He
Tan Xian
Zhi Lü

圣劳伦斯河
探险之旅

圣劳伦斯河与"快乐的海盗"

千百万年以来，圣劳伦斯河默默地流淌着。它究竟是何时被世人知晓的呢？发现者又是经历了怎样的奇遇才揭开它的庐山真面目的呢？圣劳伦斯河的发现，是与法国航海家雅克·卡蒂尔的名字紧紧联系在一起的。

雅克·卡蒂尔原本是法国布列

探险名片

探险地：大西洋、北冰洋

探险者：雅克·卡蒂尔（法国）

时间：1534年

事件：发现北美大陆

塔尼地区圣马洛港的一名水手，在欧洲的航海界小有名气。他高高的个子，紫铜色的皮肤，身材魁梧，看上去与海员的身份十分相符，长长的头发总是乱乱地飘在脑后。卡蒂尔是个天生的乐天派，无论是工作还是闲暇的时候，总显得快乐异常，有说不完的俏皮话，常逗得周围人哈哈大笑。因此，大家都叫他"快乐的海盗"。

卡蒂尔航海经验高超，见过很多大世面。16世纪初，法国人对北美大陆的探险十分感兴趣，法国政府曾经组织了好几次对北美大陆腹地的探险考察。1534年2月20日，卡蒂尔也率领一支由两艘船和61人组成的探险队从圣马洛港出发，踏上了北美探险之路。

圣劳伦斯湾的神秘水道

　　卡蒂尔探险队仅仅用了20天便渡过大西洋和北冰洋，到达了北美纽芬兰岛的东部海岸，但由于冰层阻挡而无法上岸。无奈之下，卡蒂尔只得率领船队沿着冰层的边缘向西北航行。

　　船队在冰层和巨大的浮冰之间走走停停，艰难地开辟着向前的道路。到达纽芬兰最北端海角之后，船队又开始缓慢地向西南移动。在这期间，卡蒂尔船队穿越了一段名为"贝尔岛海峡"的狭长水道。贝尔岛位于海峡北部入口处附近，原意是"美丽之岛"。可与这个美丽的名称恰恰相反，这个荒无人烟的小岛显得格外荒凉孤寂。

　　穿过海峡以后，卡蒂尔情绪低落地在航海日记里描述到："这里……不能称其为陆地，因为到处是光秃秃的岩石和峭壁。"在详细考察了贝尔岛海峡两岸后，8月10日，卡蒂尔率领船队驶入一个巨大的海湾。这个海湾长宽各为400千米，呈一个巨大的正方形，四周被绵延的陆地包围着。由于这一天刚好是天主教圣徒圣劳伦斯的忌日，因此，卡蒂尔便把这个海湾命名为"圣劳伦斯湾"。

酷热的海湾

　　随后，卡蒂尔穿过圣劳伦斯湾向西南航行，途中发现了许多岛屿，但由于没有找到合适的港口而无法登陆。不久，探险队又发现了一个吃水很

深，像一把尖刀似的楔入陆地的海湾。这个海湾名叫"乔列尔湾"，意思是"酷热的海湾"。

从船上远远向陆地方向看过去，可以看见陆地上郁郁葱葱的森林，林中的空地上到处都可以看到野生的禾苗。在那里，探险队还意外地遇见驾着9只独木舟驶来的印第安土著人。

由于双方语言不通，大家只好借着手势不断比画着，进行简单的贸易。那些印第安人身上穿着用各种动物皮毛缝制的衣服，船员们看得眼馋极了。

第一次看见欧洲新奇玩意儿的印第安人，大大方方地"脱掉他们全身的衣服，交给船员们，交换了各种小商品，然后赤裸裸地离去"。面对这么多价值不菲的上好皮毛，法国人个个瞪大了双眼，简直不敢相信眼前的事实。

驶出乔列尔湾，船队径直北上，发现了另一个不大的"加斯佩海湾"。探险队在海岸登陆，举行了简单的占有仪式。他们竖起一块高大的木十字架，上面写着"法国国王万寿无疆"几个字。离开加斯佩海湾以后，船队沿着北岸继续向西驶去，一直行进到起初相当宽阔，后来越来越狭窄的海峡之中。

此时，一股强劲的水流从西面奔腾而来，简直要把两艘船推出海湾似的。要不要继续向西前进呢？那里究竟是什么样子？会不会有可怕的深渊和漩涡？

探险队员们被眼前的景象吓坏了，各种恐怖的流言在队员中流传。谁也不愿意继续向前去送死，包括两位船长在内。卡蒂尔一时也拿不定主意。在大家的再三恳求之下，卡蒂尔最终放弃了继续向西探索，探险队踏上了回国的路途。

经过第一次探险，卡蒂尔宣布发现了一条新的海峡，并将其命名为"圣彼得罗海峡"。虽然这次没有继续向西行进，错过了发现圣劳伦斯河的大好时机，但事实上，卡蒂尔的这次航行考察了圣劳伦斯湾几乎全部的南部海域、西部沿岸地区及海湾北岸的大片陆地。

揭开圣劳伦斯河的面纱

那条激流奔涌的海峡的西方是哪里呢？这个问题一直缠绕在卡蒂尔的心头，令他久久无法释怀。一名真正的探险家应当不惧艰险，战胜困难，找出世界的真相，岂能在一点小小的危险面前就却步呢？执着的卡蒂尔发誓一定要再次前往那个神秘的海峡，把真相探明。

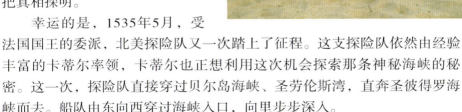

幸运的是，1535年5月，受法国国王的委派，北美探险队又一次踏上了征程。这支探险队依然由经验丰富的卡蒂尔率领，卡蒂尔也正想利用这次机会探索那条神秘海峡的秘密。这一次，探险队直接穿过贝尔岛海峡、圣劳伦斯湾，直奔圣彼得罗海峡而去。船队由东向西穿过海峡入口，向里步步深入。

原本以为会进入欧洲人梦寐以求的太平洋，没想到却驶入了一条水流湍急的大河。河岸两边森林密布，湍急的水流裹挟着上游的杂物，由西南向东北方向轰鸣而去，激起阵阵巨大的浪花。这里并没有可怕的深渊和漩涡，有的倒是无数条硕大的叫不上名来的河鱼。

由于这条大河最后注入了圣劳伦斯湾，卡蒂尔就把它叫作"圣劳伦斯河"。在大河的尽头，又出现了另一条河道宽阔的支流，河水呈现灰暗色甚至黑色，注入了圣劳伦斯河清澈的河水中。这就是被当地印第安人称之为"死河"的河流。

在这条河的下游航行，有时会靠近两岸高耸的岩石河岸，卡蒂尔认为这些山崖的断壁中有许多含有黄金和宝石的岩石。因为印第安人曾经不断提到一个神话般富饶的"萨格纳河地区"，卡蒂尔便以"萨格纳河"的名称为圣劳伦斯河的这条支流命名。

为了能找到传说中的黄金宝地，卡蒂尔想继续前进探索，而当地的印第安人却告诫他们说不能再前进了，因为向上游航行是极其危险的，但卡蒂尔置之不理。然而，行不多时，船队就在一个河道陡然变窄的地方停了下来。

卡蒂尔仍不死心，他把大船留在此地修整待命，自己亲自带领30多个探险队员乘坐一艘小船继续向西南逆流航行，直至达渥太华河与圣劳伦斯河的汇合处才止住前进的步伐，因为再往下便是危险的大瀑布。

发现皇家之山

卡蒂尔的坚持并未让他失望。这两大河的交汇处，出现了另一番奇异

的景象。渥太华河的河水是黄色的，可圣劳伦斯河的河水却清澈见底，呈现出真正的泾渭分明之景。河岸上耸立着一座林木茂密的山峰，卡蒂尔把它叫作"蒙罗亚尔"，意为"皇家之山"。渐渐地，人们口口相传，这个名字变成了"蒙特利尔"。后来，这个名字被用来称呼法国人在圣劳伦斯河流域建立的第一座城市。

圣劳伦斯河沿岸地区几乎全都是荒芜的沙漠，但是从萨格纳河向上，在河岸两边常有印第安人的村庄。

在这个地区，印第安人口稠密，他们管自己的村庄叫"加拿大"。第二年的5月中旬，圣劳伦斯河和圣劳伦斯湾开始解冻，卡蒂尔才正式开始返航法国。此后，在整整两个世纪的时间里，加拿大一直处于法国的控制之中。

大洋深处
的探险竞赛

日本"海沟"无人深潜艇探测

近年来，探索深海奥秘、开发深海资源已成为众多海洋学家的重任。尤其是美国和日本，为了探索大洋深处的世界，新点子、新手段层出不穷。平静的海水下，一场激烈的竞争正在进行着。1995年3月24日早晨，一个小小的橙黄色的金属舱从一艘日本考察船上悄无声息地滑下，潜入了太平洋马里亚纳海域。中午11时22分，它已经下潜10911.4米到达了海床。在数小时的海底游历后，又被停留在海面上的考察船收回。

这个金属舱是日本海洋科学与技术中心设计制造的，名为"海沟"无人深潜艇。当天它达到了地球的最深点——马里亚纳大海沟。它下潜的深

探险地：太平洋海底
探险者：日本人
时间：1995年
事件：无人潜艇下潜10.9千米

度，仅比35年前瑞士人杰·比卡特和美国人华尔什用他们的"特里斯特"号深潜艇创造的世界纪录少了0.6米。"海沟"没能破纪录，但日本科学家并不为此遗憾。

这艘无人深潜艇装备着机械手、探照灯和摄像机，由母船上的计算机通过12千米长、20吨重的光导纤维遥控，它的主要任务是水下11千米取样、摄像，进行长时间的科学考察，而1960年"特里斯特"号在达到10912米的纪录深度后就迅速返回了海面。

"海沟"是日本深海开发计划成功的象征。作为一个由7000多个岛屿组成的国家，日本的陆地资源极其贫乏，大洋底下蕴藏的财富当然令这个国家的经济界和科学界人士关注。这就不难解释为什么日本海洋科学与技术中心每年会获得大藏省1.86亿美元的巨额拨款，仅"海沟"计划就耗费了5000万美元，其海洋研究经费居世界之冠。

日本的深海开发计划有一个明显的特征，那就是把调查海底资源、发现海底生物和研究地震板块作为重点，而其中心目标则是为长远的经济发展服务。在这一点上，它远远走在其他国家的前面。

美国的深海探险

在深海探险和科学考察方面，超级大国美国历来是不甘示弱的，"载人鱼雷"是美国继日本"深海6500"号遨游马里亚纳海沟，保持6500米载人潜水纪录以来实现其深海探险梦的一个"秘密武器"。

在美国加利福尼亚的小镇里士满，有家规模不大、经营很不景气的公司，名叫"海洋探险集团"。公司的老板、著名海洋学家格拉汉姆·霍克斯有个雄心勃勃的计划：在20世纪结束前的某一天驾驶着自己设计制造的深潜艇"深海飞行"2号遨游马里亚纳海沟水下11千米的海底世界，打破日本"深海6500"号保持的6500米载人潜水纪录。

"深海飞行"2号与迄今为止所有的深潜艇不同，它非常小，仅有两米多长，备有电源和发动机，能在水下以每小时25千米的速度行驶。在这样狭小的空间里，还留有一名驾驶员的位置。这样，它不需要来自海面的任何支援，就能独自考察大洋下面的世界。看上去，整艘深潜艇犹如一支玻璃头的大雪茄。

　　霍克斯的计划被许多同行视为异想天开，但他却坚持己见，但是由于每次行动都要大型考察船运送和照看，既耗资不菲，又不方便，如今，包括美国在内的大多数国家对此望而却步。

　　"深海6500"号和"深海飞行"2号是载人的深潜艇，理论上来说，它们不需要考察船伴随。"深海6500"号是大型的深潜艇，也有足够的装备，"深海飞行"2号则是微型的，相对便宜。后者招来许多海洋学家的争议。著名美国海洋学家罗伯特·巴拉德就指出，在10000米的水深下驾驶这种微型潜艇，一旦出现缺氧或其他问题，就完全是拿科学家的生命冒险，而且它根本没有什么仪器来进行科学考察。而它的支持者则认为，任何机器都无法与人的直接考察媲美，"深海飞行"2号结构轻巧，易于运送，还可以跟踪鱼群，具有一定的经济价值。

"Jiao Long" Hao
Jin Jun
Hai Di

"蛟龙"号
进军海底

第五个掌握载人深潜的国家

　　"蛟龙"号潜水艇是一艘由中国自行设计、自主集成研制的载人潜水器，设计深度为7000米。2010年5～7月，"蛟龙"号在南中国海中进行了多次下潜任务，最大下潜深度达到了3759米。2011年7月26日，"蛟龙"号载人潜水器到达深度5057米。2012年6月27日，到达7062.68米。

　　中国是继美、法、俄、日之后世界上第五个掌握大深度载人深潜技术的国家。在全球载人潜水器中，"蛟龙"号属于第一梯队。全世界投入使用的各类载人潜水器约90艘，其中下潜深度超过1000米的仅有12艘，更深的潜水器数量更少，除中国外，其他4国的作业型载人潜水器最大工作深度为日本深潜器的6527米。

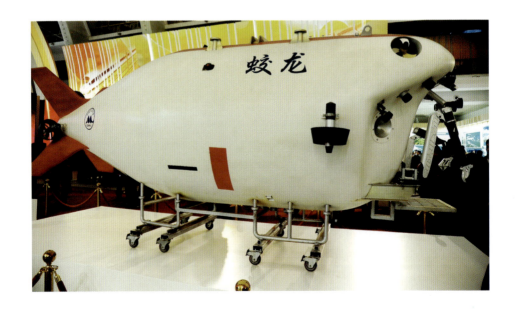

"蛟龙"号的技术参数和特点

"蛟龙"号潜水艇长、宽、高分别是8.2米、3.0米与3.4米；空重不超过22吨，最大荷载是240千克；最大速度为每小时25海里，巡航每小时1海里；"蛟龙"号当前最大下潜深度7062.68米；最大工作设计深度为7000米，理论上它的工作范围可覆盖全球99.8%海洋区域。

"蛟龙"号潜水艇的技术特点有如下几个方面：

一是最大下潜深度7000米，这意味着该潜水器可在占世界海洋面积99.8%的广阔海域使用；二是具有针对作业目标稳定的悬停，这为该潜水器完成高精度作业任务提供

了可靠保障；三是具有先进的水声通信和海底微貌探测能力，可以高速传输图像和语音，可探测海底的小目标；四是配备多种高性能，确保载人潜水器在特殊的海洋环境或海底地质条件下完成保真取样和潜钻取芯等复杂任务。

"蛟龙"号的下潜历程

"蛟龙"号潜航员由首席潜航员叶聪及唐嘉陵、付文韬、崔维成、杨波、刘开周等人组成。

从2009年8月开始，"蛟龙"号载人深潜器先后组织开展1000米级和3000米级海试工作。2010年5月31日至7月18日，"蛟龙"号载人潜水器在中国南海3000米级海试中取得巨大成功，共完成17次下潜，其中7次穿越2000米深度，4次突破3000米，最大下潜深度达到3759米，超过全球海洋平均深度3682米，并创造水下和海底作业9小时零3分的记录，验证了"蛟龙"号载人潜水器在3000米级水深的各项性能和功能指标。

2011年7月21日至8月18日，"蛟龙"号载人深潜器开展5000米级海试工作。来自13家单位的96名科研人员参加了海试任务。海试期间，全体队员在位于东太平洋的三个试验海区共完成5次下潜作业，共有8人完成15人

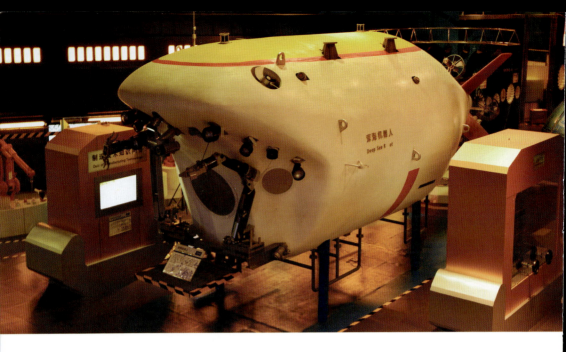

次下潜，下潜深度分别为4027米、5057米、5188米、5184米和5180米。潜水器在海底完成多次坐底试验，并在中国大洋协会多金属结核勘探合同区开展海底照相、摄像、海底地形地貌测量、海洋环境参数测量、海底定点取样等作业试验与应用，完成了各项实验任务。

2012年6月15日7时，"蛟龙"号7000米级海试现场指挥部宣布下潜试验开始，3名试航员叶聪、崔维成、杨波乘"蛟龙"号载人潜水器开始进行7000米级海试第一次下潜试验。6月15日10时整，潜水器下潜深度超过6000米并继续下潜，最终成功潜入水下6671米。

6月19日至6月27日"蛟龙"号载人潜水器分别在中国海域和西太平洋马里亚纳海沟进行了四次下潜试验，并最终成功深潜至水下7062.68米。

2012年6月30日5时23分，"蛟龙"号载人潜水器被布防入水，开始进行7000米级海试第六次也是全部海试中的最后一次下潜试验。

2012年6月30日9时56分，"蛟龙"号到达最大深度7035米，并坐底。随后，"蛟龙"号在完成海底两个小时的作业后开始上浮。2012年6月30日14时33分，"蛟龙"号浮出水面，完成了中国"蛟龙"号7000米级海试的全部试验。

探险名片

探险地：太平洋
探险者：中国人
时间：2012年
事件："蛟龙"号载人潜水器潜入海底7035米处